U0366926

信息技术实用教程实训

李亚男 王建微 胡艳菊 主 编
张成城 李亚娟 杨云江 副主编

清华大学出版社
北京

内 容 简 介

本书共有 9 个实训项目：计算机网络基础实训、操作系统应用实训、文字录入实训、WPS 文档编辑与处理实训、WPS 电子表格制作实训、WPS 演示文稿制作实训、WPS 综合应用实训、数字媒体技术实训、信息安全技术实训等内容。本书采用项目情景式引入，设计的任务由浅入深、循序渐进，与学习者的学习、生活、工作密切相关。全书内容翔实、语言简练、图文并茂，具有很强的操作性和实用性。

本书主要作为中等职业院校公共基础课程的教材，也可作为中等职业院校"信息技术基础"或"计算机应用基础"专业基础课程教材，还可作为 WPS 办公应用"1+X"职业技能等级考试及各类培训班的教材。

本书封面贴有清华大学出版社防伪标签，无标签者不得销售。

版权所有，侵权必究。举报：010-62782989，beiqinquan@tup.tsinghua.edu.cn。

图书在版编目（CIP）数据

信息技术实用教程实训 / 李亚男，王建微，胡艳菊主编 . —北京：清华大学出版社，2024.2
ISBN 978-7-302-65406-3

Ⅰ. ①信… Ⅱ. ①李… ②王… ③胡… Ⅲ. ①电子计算机 – 中等专业学校 – 教材 Ⅳ. ① TP3

中国国家版本馆 CIP 数据核字（2024）第 043340 号

责任编辑：聂军来
封面设计：刘 键
责任校对：袁 芳
责任印制：沈 露

出版发行：清华大学出版社
　　　　　网　　　址：https://www.tup.com.cn，https://www.wqxuetang.com
　　　　　地　　　址：北京清华大学学研大厦 A 座　　　邮　　　编：100084
　　　　　社 总 机：010-83470000　　　　　　　　　邮　　　购：010-62786544
　　　　　投稿与读者服务：010-62776969，c-service@tup.tsinghua.edu.cn
　　　　　质量反馈：010-62772015，zhiliang@tup.tsinghua.edu.cn
　　　　　课件下载：https://www.tup.com.cn，010-83470410
印 装 者：三河市龙大印装有限公司
经　　销：全国新华书店
开　　本：185mm×260mm　　　　印　　张：9　　　　字　　数：210 千字
版　　次：2024 年 4 月第 1 版　　　　　　　　　　印　　次：2024 年 4 月第 1 次印刷
定　　价：32.00 元

产品编号：097454-01

中等职业学校信息技术教材

编审委员会

编审委员会名誉主任：
李　祥　贵州大学

编审委员会主任：
杨云江　贵州理工学院

编审委员会副主任：
陈文举　贵州大学职业技术学院
王开建　贵州大学职业技术学院
曾湘黔　贵州大学职业技术学院
王子牛　贵州大学
陈笑蓉　贵州大学
王仕杰　贵州工商职业学院

编审委员会成员（按姓名拼音字母顺序排列）：

安小洪	蔡建华	陈大勇	陈文忠	丁　倩	董学军	高金星
高树立	韩昌权	黄凤姣	贾文贵	兰廷友	李晨赵	李达中
李国祯	李启越	廖智勇	刘为民	刘湘文	龙厚岚	卢仲贵
罗和平	吕学强	戚韶梅	覃伟良	任贵明	侍颖辉	宋远前
万光亮	王建微	王　勇	王向东	温明剑	吴新国	许　劲
徐　宇	杨稚桓	叶国坚	殷　文	尹烨涛	张华超	张良辉
张晓辉	张燕玲	赵　炜	朱　琦			

本书编写组

主　编：
李亚男　王建微　胡艳菊

副主编：
张成城　李亚娟　杨云江

参　编：
曾庆松　阮艳花　付　娟

前　言

本书是为了贯彻落实《国家职业教育改革实施方法》《关于在院校实施"学历证书＋若干职业技能等级证书"制度试点方案》等文件精神，参照《中等职业学校专业教学标准（试行）》等标准性文件，定位于"WPS办公应用职业技能等级要求（中级）"，覆盖了"WPS办公应用职业技能等级要求（初级）"，由长期从事计算机基础教学、经验丰富的一线教师编写而成，采用"项目＋知识点＋任务实施＋上机实训"的编写模式。

在编写的过程中，打破了过去大多数教材按部就班地介绍知识、方法的组织形式，采用知识点与案例相结合的教学方式，理论联系实际，由从事计算机基础教学的主讲教师根据现在多数中学生对计算机并不陌生的实际情况，并结合自身的教学经验进行编写。本书既可以作为发现式教学、案例与任务驱动教学等以学生为主体、教师为主导的互动式教学模式的一本好的教科书与参考书，也适合计算机爱好者的自我学习与应用。

全书共分为9个项目。项目1是计算机网络基础实训，介绍了如何利用网络收发电子邮件、如何访问并保存相关网页以及如何利用杀毒软件屏蔽无用信息等。项目2是操作系统应用实训，详细介绍了Windows 10操作系统的基本操作和设置方法、文件和文件夹的管理操作方法、账户的管理以及Windows 10中常用附件的使用方法。项目3是文字录入实训，列出了一些常用的复杂字符的输入练习，并介绍常用打字练习软件的使用方法。项目4是WPS文档编辑与处理实训，通过任务导入法详细演示了WPS文档编辑中文档的创建和编辑、表格的创建和编辑以及图形、艺术字等的编辑美化、排版与输出等操作。项目5是WPS电子表格制作实训，通过实际任务案例，详细演示WPS表格的数据输入与编辑、公式与函数应用、工作表的格式化与管理、数据管理、图表使用和工作表打印等操作过程。项目6是WPS演示文稿制作实训，介绍了WPS演示文稿的基本界面和操作，通过实际案例的实施，演示PPT的制作与编辑、外观设置、排版美化、放映效果设置、打印和打包等操作。项目7是WPS综合应用实训，详细介绍了WPS文档、表格和演示文稿之间数据的调用和混排的方法，简单且实用。项目8是数字媒体技术实训，介绍了数字媒体制作软件的一般应用方法。项目9是信息安全技术实训，演示了加密与解密技术及数字证书技术等操作以及木马清除大师的实际使用方法等。

本书教学内容和结构合理，条理清晰。教师备课、讲解、指导实习均轻松、方便，鼓励学生通过课本、市场、网络等渠道进行全方位学习，使教与学、学与用紧密结合。全书以项目为载体、任务驱动、情景式开展，强化职业素养提升，从而实现课程教学目标。本书是在广泛征求中职中专学校授课教师意见，在多家企业实地考察的基础上编写完成的。本书内容能紧跟市场发展和企业需求的变化，采用"学、练、做、训"一体，以学习者为中心，充分体现了现代中职教育特色。

为了贯彻党的二十大精神，即全面贯彻党的教育方针，落实立德树人根本任务，培养德智体美劳全面发展的社会主义建设者和接班人，我们将课程思政和课程素养的理念融入配套教材《信息技术实用教程》之中。思政教育和素质教育理念的自然融入是本书的最大亮点和特色。

本书由李亚男、王建微、胡艳菊担任主编，张成城、李亚娟、杨云江担任副主编，曾庆松、阮艳花、付娟参与本书编写。具体编写分工如下：张成城负责编写项目1；付娟负责编写项目2和项目3；阮艳花负责编写项目4和项目6；曾庆松负责编写项目5；李亚娟负责编写项目7；王建微负责编写项目8；胡艳菊负责编写项目9。本书由杨云江和李亚男负责本书的统稿和校对工作。

由于编者水平有限，书中难免有不足和疏漏之处，敬请广大读者和专家提出宝贵意见和建议。

编 者

2023 年 9 月

目　录

项目 1

计算机网络基础实训

任务 1　电子邮件应用实训

实训目的

- 了解电子邮箱种类以及如何申请免费电子邮箱。
- 学会利用电子邮箱发送图片、文字、附件等各种邮件。

实训范例

电子邮件是一种用电子手段提供信息交换的通信方式，是互联网应用最广泛的服务。通过网络的电子邮件系统，用户可以以非常低廉的价格（不管发送到哪里，都只需负担网费）和非常快速的方式（几秒内可以发送到世界上任何指定的目的地），与世界上任何一个角落的网络用户联系。

目前主流电子邮件网站有网易、新浪、搜狐等，以网易邮箱为例，发送电子邮件的主要步骤如下。

第 1 步：申请免费电子邮箱。

电子邮件一般以网页形式打开，所以我们首先要打开浏览器，再打开网易邮箱登录界面（图 1-1），打开后在登录框下方找到"注册新账号"按钮（图 1-1 中方框标识），单击"注

图 1-1　网易邮箱登录界面

册新账号"按钮，进入新用户注册界面（图1-2），邮箱地址框中按要求输入邮箱名称（注意尽量选择方便记忆的邮箱名称），选择"同意《服务条款》《隐私政策》和《儿童隐私政策》"复选框，邮箱注册操作完成后单击"进入邮箱"按钮（图1-3），进入邮箱。

图 1-2　新用户注册界面

图 1-3　邮箱注册成功

第2步：单击"写信"按钮（图1-4方框中所示），打开邮件编辑界面（图1-5），根据需要编辑邮件内容，按图1-5中所说格式即可。

图 1-4　写信界面

添加收件人邮箱地址：邮箱名称@域名或IP地址

主题处输入邮件的主要内容或标题

利用添加附件的方式发送图片等非纯文字内容

图 1-5　邮件编辑界面

第 3 步：如图 1-6 所示，单击"发送"按钮，邮箱发送完毕显示图 1-7 界面，当用户想要查看已发送邮件时可以单击界面左侧的"已发送"按钮（图 1-8）。

图 1-6　发送邮件

图 1-7　邮件发送成功

图 1-8　在"已发送"中查看已发送邮件

任务 2　浏览器应用实训

实训目的

- 了解目前主流浏览器有哪些。
- 学习如何登录中国大学 MOOC 网站。
- 学会收藏网址以及保存网页。

实训范例

浏览器是用来检索、展示以及传递 Web 信息资源的应用程序。Web 信息资源由统一资源标识符 URL 标记，它可以是一个网页、一张图片、一段视频或者任何在 Web 上所呈现的内容。使用者可以借助超级链接，通过浏览器浏览互相关联的信息。主流的浏览器分为 Microsoft Edge、Chrome、Firefox、Safari 等几大类。这里以具有 IE 和 Chrome 双内核模式的 360 浏览器为例来演示登录中国大学 MOOC 网站的步骤。

第 1 步：打开浏览器，登录中国大学 MOOC 网站（如果不知道网址，可以利用百度搜索引擎搜索"中国大学 MOOC"），如图 1-9 所示。

第 2 步：第一次登录需要注册用户，单击图 1-9 中方框区域，打开用户登录界面，如图 1-10 所示，我们可以通过手机号、邮箱地址以及爱课程账号方式进行注册，选中后单击方框中"去注册"按钮，进入注册界面，如图 1-11 所示。

第 3 步：登录完成后，我们可以选择需要的课程进行学习，如图 1-12 所示。

图 1-9　中国大学 MOOC 网站

图 1-10　用户登录界面

图 1-11　注册界面

图 1-12　中国大学 MOOC 学习界面

　　第 4 步：为保证下次快速找到课程，我们可以将课程网址添加到收藏夹，如图 1-13 所示。

　　第 5 步：为了能够更好地利用网站资源，有时需要在脱机状态下使用，这就需要用户保存网页，具体步骤如图 1-14 所示。

先单击"收藏夹"按钮，再选择"添加到收藏夹"选项，即可保存网址

图 1-13　收藏网址

③ 单击"保存网页"按钮　② 选择"保存（网页、截图、打印）"选项　① 单击"显示工具栏"按钮

图 1-14　如何保存网页

任务 3　杀毒软件应用实训

实训目的

- 了解主流杀毒软件。
- 学会安装杀毒软件，并进行漏洞扫描。

- 学会在杀毒软件中开启计算机广告过滤功能。

实训范例

　　杀毒软件也称反病毒软件或防毒软件，是用于消除计算机病毒、特洛伊木马和恶意软件等计算机威胁的一类软件。杀毒软件通常集成监控识别、病毒扫描和清除、自动升级、主动防御等功能，有的杀毒软件还带有数据恢复、防范黑客入侵、网络流量控制等功能，是计算机防御系统的重要组成部分。目前主流的杀毒软件有百度杀毒、腾讯电脑管家、360 安全卫士等。这里以 360 安全卫士为例，演示杀毒软件的安装、漏洞扫描和广告过滤等操作。

　　第 1 步：为了能够安装纯净版 360 安全卫士，用户可在 360 官网上下载并安装软件，如图 1-15 所示。

选择计算机软件菜单下的"360安全卫士"选项

图 1-15　360 官网

　　第 2 步：下载完成后找到图 1-16 图标，双击图标安装 360 安全卫士，安装完成后显示图 1-17 界面。

　　第 3 步：单击上方菜单中的"系统修复"按钮，打开"漏洞修复"选项卡，如图 1-18 所示，单击"一键修复"按钮针对系统漏洞进行扫描，待扫描完成找到系统漏洞后，一键修复即可，如图 1-19 所示。

图 1-16　360 安全卫士安装包

　　第 4 步：系统漏洞修复完成后，回到主页面，单击页面底端的"弹窗过滤"按钮，如图 1-17 方框所示，进入"弹窗过滤"设置界面，如图 1-20 所示；弹窗过滤有两种模式，分别是强力模式和普通模式，可根据需要进行切换；用户可以根据实际需要有选择地过滤弹窗，单击图 1-20 中右下角的"自定义过滤"按钮进入选项卡设置即可，如图 1-21 所示。

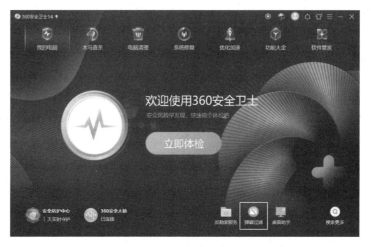

图 1-17　360 安全卫士界面

图 1-18　360 安全卫士系统修复界面

图 1-19　360 安全卫士修复系统漏洞

图 1-20 弹窗过滤界面

图 1-21 自定义过滤弹窗

项目 ② 操作系统应用实训

项目 2 素材

 任务1　Windows 10 基本操作实训

实训目的

- 掌握文件和文件夹的创建、重命名、复制、移动、删除、属性设置的操作方法。
- 掌握应用软件的安装和卸载方法。
- 掌握 Windows 外观和主题更改的方法及系统日期时间的设置。

实训内容

1. 管理文件和文件夹

（1）在计算机的 D 盘中新建 PEWL、CCIM 和 MMSD 3 个文件夹，再在 PEWL 文件夹中新建 UUES 文件夹，在该子文件夹中新建一个 UI.docx 文件。

操作方法如下。

第 1 步：打开"文件资源管理器"窗口。

第 2 步：在左窗格单击"D 盘"图标。

第 3 步：在左窗格的空白处右击，在弹出的快捷菜单中单击"新建"按钮，选择"文件夹"选项。

第 4 步：在光标闪烁的位置输入文件夹名称"PEWL"，按 Enter 键。

第 5 步：使用相同的方法在相同位置分别创建"CCIM""MMSD"两个文件夹。

第 6 步：双击打开"PEWL"文件夹，空白处右击→"新建"→"文件夹"→命名为"UUES"。

第 7 步：双击打开"UUES"文件夹，空白处右击→"新建"→"Word 文档"→命名为"UI.docx"，如图 2-1所示。

（2）将"UUES"文件夹中的"UI.docx"文件复制到"CCIM"文件夹中。

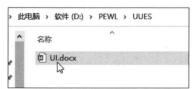

图 2-1　创建文件

操作方法如下。

第 1 步：单击选中文件"UI.docx"，右击选择"复制"命令。

第 2 步：打开"CCIM"文件夹，空白处右击→选择"粘贴"命令。

（3）将"UUES"文件夹中的"UI.docx"文件删除。

操作方法：在文件夹"UUES"中选中"UI.docx"文件，右击→选择"删除"命令。

2. 更改当前系统日期为"2022 年 2 月 2 日"

操作方法：右击屏幕右下角的"日期时间显示区"任务栏，选择"调整日期 / 时间"命令，在"手动设置日期和时间"下单击"更改"按钮，在"更改日期和时间"对话框中输入 2022 年 2 月 2 日，单击"更改"按钮，如图 2-2 所示。

3. 将 D 盘中的 PEWL 文件夹设置隐藏

操作方法：选中文件夹"PEWL"，右击选择"属性"命令，勾选"隐藏"前面的复选框，单击"确定"按钮，如图 2-3 所示。

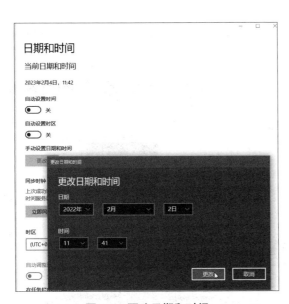

图 2-2　更改日期和时间

图 2-3　文件夹属性设置对话框

4. 外观和主题设置

（1）改变本机桌面背景为第二张图片，图片位置为平铺。

操作方法：按 Windows+I 组合键打开"设置"窗口，单击"个性化"按钮（或者右击桌面空白处，在快捷菜单中单击"个性化"按钮，都将打开"个性化"窗口的"背景"选项卡），如图 2-4 所示。在"背景"选项卡中单击"背景"下拉列表框中的"图片"按钮，在"选择图片"组中选择第二张图，在"选择契合度"下拉列表框中选择"平铺"样式。

（2）设置屏幕保护程序为"筑梦青春"的 3D 文字样式，等待 2 分钟后启动屏保程序。

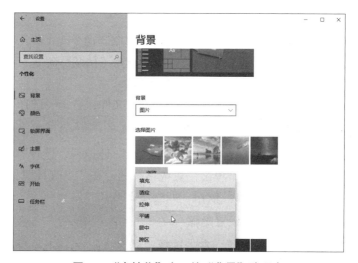

图 2-4 "个性化"窗口的"背景"选项卡

操作方法如下。

第 1 步：按 Windows+I 组合键或者在"开始"菜单左侧列表中单击"设置"按钮打开"设置"窗口。

第 2 步：在"锁屏界面"选项卡中单击"屏幕保护程序设置"按钮，如图 2-5 所示。

第 3 步：在"屏幕保护程序"列表中选择"3D 文字"样式，如图 2-6 所示。

图 2-5 "锁屏界面"选项卡

图 2-6 "屏幕保护程序设置"对话框

第 4 步：单击"设置"按钮，在弹出的"3D 文字设置"对话框中的"自定义文字："文本框中输入"筑梦青春"文本，如图 2-7 所示，单击"确定"按钮。

第 5 步：在"等待"文本框中输入"2"分钟，勾选"在恢复时显示登录屏幕"复选框，单击"预览"按钮查看效果，单击"确定"按钮设置完成，如图 2-8 所示。

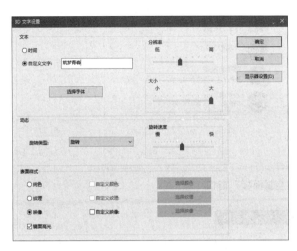

图 2-7 "3D 文字设置"对话框   图 2-8 "屏幕保护程序设置"对话框

任务 2   用户账户管理实训

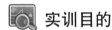 实训目的

- 掌握创建 Windows 本地用户账户的方法。
- 学会管理用户账户。

 实训内容

1. 创建一个本地账户并命名为"ABC"

操作方法如下。

第 1 步：双击"控制面板"图标打开"控制面板"窗口，在"用户账户"组中单击"更改账户类型"链接，如图 2-9 所示。

第 2 步：在弹出的"选择要更改的用户"窗口中单击"在电脑设置中添加新用户"按钮，如图 2-10 所示。

第 3 步：在打开的"其他用户"窗口中单击"将其他人添加到这台电脑"按钮，如图 2-11 所示。

第 4 步：在打开的"本地用户和组"窗口中打开"用户"窗口，如图 2-12 所示。

图 2-9　"控制面板"窗口

图 2-10　"选择要更改的用户"窗口

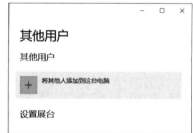

图 2-11　"其他用户"窗口

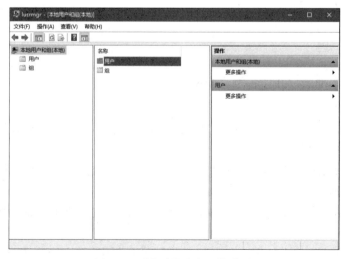

图 2-12　"本地用户和组"窗口

第 5 步：在中间窗格的空白处右击，选择"新用户"菜单，如图 2-13 所示。

第 6 步：在打开的"新用户"对话框中输入"用户名""密码""确认密码"等参数，单击"创建"按钮，如图 2-14 所示。此时在"本地用户"下已存在账户"ABC"，如图 2-15 所示。

图 2-13　选择"新用户"菜单　　　　　图 2-14　"新用户"对话框

图 2-15　账户"ABC"

2. 管理用户账户

（1）更改账户"ABC"为管理员类型。

操作方法如下。

第 1 步：打开"控制面板"窗口，在"用户账户"组中单击"更改账户类型"按钮。

第 2 步：在打开的"管理账户"窗口中选择要更改的账户"ABC"。

第 3 步：在"更改账户"窗口中，单击左侧的"更改账户类型"按钮，如图 2-16（a）所示。

第 4 步：在"为 ABC 选择新的账户类型"提示页面选择"管理员"账户类型，单击

"更改账户类型"按钮即可更改，如图 2-16（b）所示。

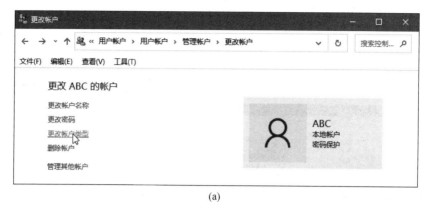

(a)

(b)

图 2-16 单击"更改账户类型"

（2）更改账户名"ABC"为"123"。

操作方法如下。

第 1 步：在"管理账户"窗口中选择要更名的账户"ABC"，在"更改 ABC 的账户"窗口中，单击左侧的"更改账户名称"按钮，如图 2-17 所示。

图 2-17 "更改账户"窗口

第 2 步：在"为 ABC 的账户键入一个新账户名"窗口的文本框中输入新名"123"，如图 2-18 所示，然后单击"更改名称"按钮。此时可以看到账户名称已更改。

图 2-18 "重命名账户"窗口

（3）更改账户"123"密码。

操作方法如下。

第 1 步：在"管理账户"窗口中选择账户"123"，在"更改 123 的账户"窗口中单击左侧的"更改密码"按钮。

第 2 步：在"更改 123 的密码"窗口的密码框中输入新密码后，并再次输入确认密码，单击"更改密码"按钮，如图 2-19 所示。

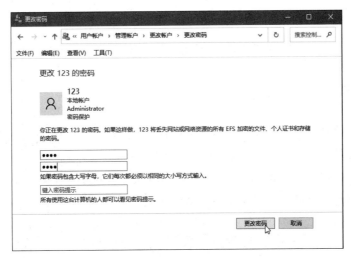

图 2-19 "更改密码"窗口

（4）更改当前账户头像为风景图。

操作方法如下。

第 1 步：在"开始"菜单中单击"设置"按钮，打开"Windows 设置"窗口，单击"账户"按钮，如图 2-20 所示。

第 2 步：在打开的"账户信息"窗口中单击"从现有图片中选择"按钮选择图片，如图 2-21 所示。

图 2-20 "Windows 设置"窗口

图 2-21 "账户信息"窗口

 任务 3　Windows 附件应用实训

 实训目的

掌握"记事本""写字板""画图""计算器"等常用附件的使用方法。

 实训内容

1. 使用计算器计算表达式 15+6×7-64/4 的值

操作方法如下。

第 1 步：在"开始"菜单中找到"计算器"按钮，单击打开；或在搜索框输入"calc"命令，按 Enter 键打开"计算器"程序。

第 2 步：输入"15"，并单击"MS"按钮，将数字保存在内存中。

第 3 步：按顺序输入"6×7＝"后，显示框显示 42，单击"M＋"按钮，将显示框的数值 42 与存储器中的数值 15 相加并将结果存储于存储器中。此时单击"MR"按钮可见存储器中的数值变为 57，如图 2-22 所示。

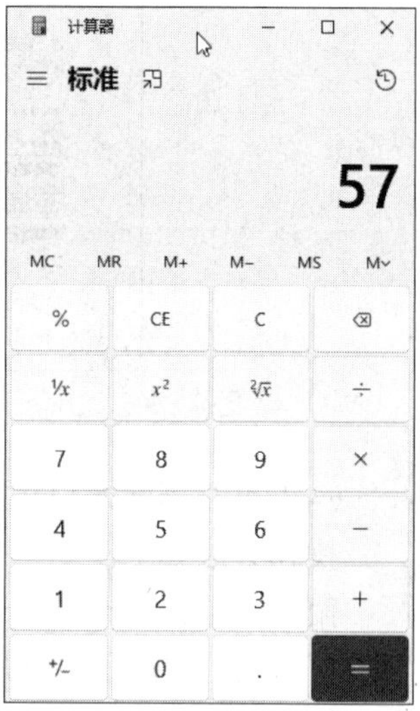

第 4 步：按顺序输入"64÷4＝"后，显示框显示 16，单击"M－"按钮，将存储器中的数与显示框中的数相减，存

图 2-22 计算器计算表达式

储器的数值变为 41，然后单击"MR"按钮，显示框显示存储器中的计算结果 41。

2. 使用写字板编辑文档

操作方法如下。

第 1 步：单击"开始"菜单按钮，在"Windows 附件"中找到"写字板"，或在搜索框输入"wordpad"，按 Enter 键打开"写字板"程序。

第 2 步：在工作区中录入文字，如图 2-23 所示。

第 3 步：选择标题文字"工匠精神"，在"主页"选项卡的"字体"组中单击"字体"下拉按钮，在列表中选择"华文行楷"，字号为"26"，字形为"加粗"，文本颜色为"鲜紫"，在"段落"组中设置对齐方式为"居中"。

第 4 步：选中其他文字，设置字号为"14"。

第 5 步：单击"段落"组中的"段落"按钮，在"段落"对话框中设置"首行"值为"0.95 厘米"，勾选"在段落之后添加 10pt 的空格（A）"复选框，如图 2-24 所示。

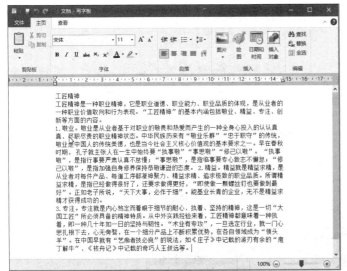
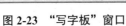

图 2-23 "写字板"窗口

图 2-24 设置文本段落格式

第 6 步：单击功能区"插入"组中的"图片"按钮，在"选择图片"对话框中选择"素材库 \ 项目 2\ 素材 \ 工匠 .jpg"图片，单击"打开"按钮，插入图片效果如图 2-25 所示。

第 7 步：选中图片，单击功能区"插入"组中的"图片"下拉按钮，选择"调整图片大小"选项，如图 2-26 所示；在"调整大小"对话框中勾选"锁定纵横比"复选框，将水平值改为 85%。单击"确定"按钮，如图 2-27 所示。

第 8 步：选择"文件"→"页面设置"命令，将纸张大小设为"A4"，方向为"纵向"。

第 9 步：选择"文件"→"保存"命令，在"保存为"对话框中"文件名"处输入"工匠精神"，"保存类型"设置为"RTF 文档（RTF）"，设置保存位置为 D 盘。

图 2-25　插入图片后效果

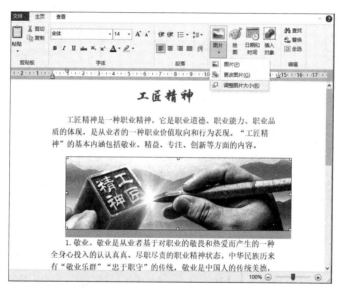

图 2-26　调整图片大小（1）

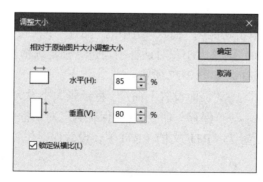

图 2-27　调整图片大小（2）

第 10 步：选择"文件"→"打印"→"打印预览"命令，如图 2-28 所示。

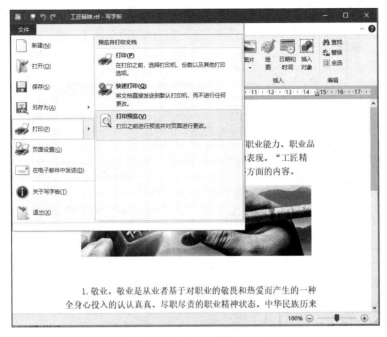

图 2-28 "打印预览"状态

3. 使用画图程序修改图像

操作方法如下。

第 1 步：单击"开始"菜单按钮找到"画图"，或在搜索框输入"mspaint"，按 Enter 键打开"画图"程序，如图 2-29 所示。

图 2-29 "画图"程序窗口

第 2 步：选择"文件"→"打开"命令，打开"素材库\项目 2\素材\小鸭.tif"图片。

第3步：选择"文件"→"属性"命令，在"映像属性"对话框中将宽度值由原来的"302"像素改为"604"像素，单击"确定"按钮，如图 2-30 所示。

图 2-30 "映像属性"对话框

第4步：单击"主页"下的"图像"下拉按钮，在下拉选项中选择"选择"→"全选"命令，再选择"透明选择"命令，使图像背景透明，如图 2-31 所示。

第5步：单击"剪贴板"组中的"复制"按钮，再单击"粘贴"按钮复制图像，单击"图像"组中的"旋转"下拉按钮，在下拉选项中选择"水平翻转"命令，如图 2-32 所示。

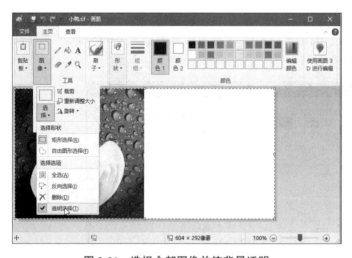

图 2-31 选择全部图像并使背景透明

图 2-32 水平翻转图像

第6步：单击"工具"组中的"文本"按钮，再单击图中任意位置，弹出"文本工具"选项卡及文本框，在"文本工具"选项卡的"文本"组中设置字体为"华文隶书"、字号为"18"，将文本框移动到两只小鸭图像中间后单击文本框，进入文本编辑状态，在文本框中输入文字"快乐的小鸭"，如图 2-33 所示。

第7步：单击"图像"组中的"重新调整大小"按钮，在"调整大小和扭曲"对话框中设置"水平"值为"150"，此时"垂直"值自动改为"150"，如图 2-34 所示。

图 2-33　插入文本后的效果

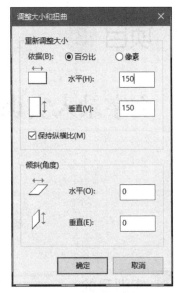

图 2-34　调整大小和扭曲

第 8 步：选择"文件"→"另存为"命令，将文件保存类型设置为"JPEG 图片"，文件名为"快乐的小鸭 .jpg"，如图 2-35 所示。

图 2-35　保存图片

项目 3

文字录入实训

任务 1　打字训练

实训目的

- 掌握中文录入的方法。
- 掌握英文录入的方法。
- 学会使用不同的输入法录入符号和文本。

实训内容

（1）在 WPS 文字中录入以下汉字及符号，尽量尝试多种方式录入。

犇　垚　庑　搡　汃　汻　√　×　¥　$　@　……　、　'　" "

（2）为本地计算机安装搜狗拼音输入法（若已有该输入法，请先卸载）。

操作方法如下。

将"搜狗拼音输入法"安装程序下载保存到本地计算机，双击运行"搜狗拼音输入法.exe"安装程序，根据向导的提示完成相应的选择，单击"完成"按钮。

任务 2　"金山打字通"训练

实训目的

- 学会使用正确的指法进行文本录入。
- 学会使用"金山打字通"软件进行英文、中文文章打字速度测试。

实训内容

1. 使用"金山打字通"软件进行指法训练

操作方法如下。

第1步：双击桌面"金山打字通"图标，启动"金山打字通"软件，如图3-1所示。

第2步：在"金山打字通"界面选择"新手入门"选项，选择"自由模式"练习，如图3-2所示。

图3-1 "金山打字通"程序图标

图3-2 "金山打字通"界面

第3步：在"新手入门"界面下，依次进行"打字常识""字母键位""数字键位""符号键位""键位纠错"练习，如图3-3所示。

图3-3 "新手入门"窗口

第4步：在"打字常识"界面中，学习键盘布局，单击"下一页"按钮依次学习，并进行"过关测试"，如图3-4、图3-5所示。

2. 在"金山打字通"软件中使用拼音打字

操作方法如下。

第1步：在"金山打字通"首页单击"拼音打字"项，如图3-6所示；在"拼音打字"项下选择"拼音输入法"命令，按照提示完成"拼音输入法"学习，如图3-7所示。

图 3-4 认识键盘

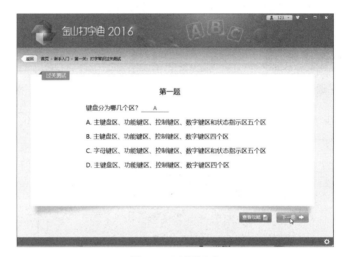

图 3-5 过关测试

图 3-6 "拼音打字"项

图 3-7　拼音打字界面

第 2 步：依次按照内容进行"音节练习"和"词组练习"项训练至过关。

第 3 步：选择"文章练习"命令，切换中文搜狗拼音输入法录入文章，如图 3-8 所示。

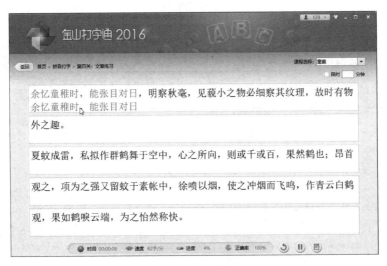

图 3-8　中文文章录入

> **提示**：可以在"五笔打字"项下进行五笔输入法训练。

3. 在"金山打字通"中进行打字速度测试，时间设置为 20 分钟

操作方法如下。

第 1 步：在"金山打字通"首页单击右下方的"打字测试"按钮，如图 3-9 所示。

第 2 步：分别在"英文测试""拼音测试"下进行测试训练，如图 3-10 所示，不断提升打字的速度和正确率。

图 3-9 "打字测试"按钮

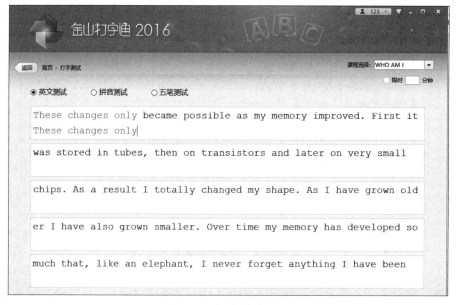

图 3-10 打字测试界面

项目 4

WPS 文档编辑与处理实训

项目 4 素材

任务 1 "牡丹"文档格式编辑实训

实训目的

- 掌握设置文档格式的方法。
- 掌握设置脚注和尾注的方法。
- 学会设置项目符号和编号的方法。
- 学会为文档添加水印的方法。
- 学会使用文档样式的方法。
- 学会插入文档目录的方法。
- 学会使用查找与替换的方法。

实训内容

在 WPS 中打开"素材库\项目 4\素材\牡丹 .docx"文档，按下列要求进行编辑。

1. 设置字体、字号、字形、对齐方式

将文档中第一行内容（即文章标题）的格式设置为：隶书、加粗、二号字、居中对齐。

第 1 步：选中"牡丹"两个字，右上角弹出浮动工具栏。

第 2 步：在"字体"下拉菜单中选择"隶书"，在"字号"下拉菜单中选择"二号"，单击 **B** 按钮给文字加粗，再单击 ≡ 按钮给文字居中对齐，如图 4-1 所示。

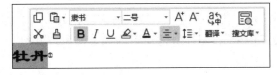

图 4-1　设置标题格式

2. 脚注和尾注设置

将文中的脚注全部转换为尾注，且将尾注的"编号格式"设置为大写罗马数字

"Ⅰ,Ⅱ,Ⅲ,…"。

第1步：在"引用"选项卡中单击右下角的"脚注和尾注"对话框启动按钮,打开"脚注和尾注"对话框，如图 4-2 所示。

第2步：单击"脚注和尾注"对话框中的"转换"按钮，弹出"转换注释"对话框，如图 4-3 所示，选择"脚注全部转换成尾注"命令，单击"确定"按钮，文中所有脚注均转换为尾注。

第3步：在"脚注和尾注"对话框中，单击"编号格式"后面的下拉按钮，在下拉菜单中选择大写罗马数字"Ⅰ,Ⅱ,Ⅲ,…"，如图 4-4 所示，单击"应用"按钮即可，效果如图 4-5 所示。

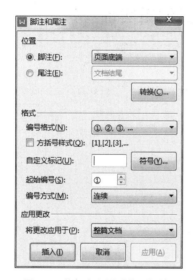

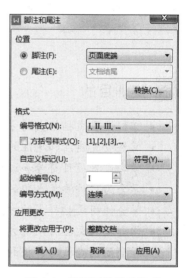

图 4-2 "脚注和尾注"对话框　　图 4-3 "转换注释"对话框　　图 4-4 设置尾注编号格式

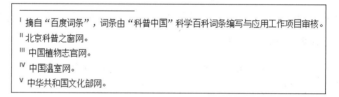

图 4-5 尾注格式设置后的效果

3. 设置字体颜色、分栏

对文中第二自然段（即：花色泽艳……故又有"国色天香"之称。）进行以下操作。

（1）将字体设置为"仿宋"，字体颜色设置为标准颜色"蓝色"。

第1步：选中第二自然段。

第2步：在弹出的"浮动工具栏"中选择"仿宋",在"字体颜色"下拉菜单中选择"标准色"中的"蓝色"，效果如图 4-6 所示。

（2）将内容分为栏宽相等的两栏，"栏间距"为 1.5 个字符，加分隔线。

第1步：选中第二自然段。

> 花色泽艳丽，玉笑珠香，风流潇洒，富丽堂皇，素有"花中之王"的美誉。在栽培类型中，主要根据花的颜色，可分成上百个品种。"牡丹品种繁多，色泽亦多，以黄、绿、肉红、深红、银红为上品，尤其黄、绿为贵。牡丹花大而香，故又有"国色天香"之称。

图 4-6 设置第二段的字体和文字颜色

第 2 步：单击"页面布局"选项卡下的"分栏"按钮，在下拉菜单中选择"更多分栏"命令，弹出"分栏"对话框，在该对话框中选择"两栏"，并勾选"栏宽相等"和"分隔线"前面的复选框，如图 4-7 所示。

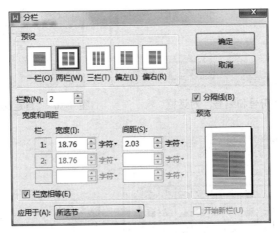

图 4-7 "分栏"对话框

第 3 步：单击"确定"按钮即分栏设置完成，效果如图 4-8 所示。

> 花色泽艳丽，玉笑珠香，风流潇洒，富丽堂皇，素有"花中之王"的美誉。在栽培类型中，主要根据花的颜色，可分成上百个品种。牡丹品 种繁多，色泽亦多，以黄、绿、肉红、深红、银红为上品，尤其黄、绿为贵。牡丹花大而香，故又有"国色天香"之称。

图 4-8 设置分栏后的效果

4. 设置项目符号

为文档第 1 页中的红色文本，添加"自定义项目符号" 📖（提示：特殊符号"📖"包含在符号字体"Wingdings"中）。

第 1 步：选中文档第 1 页中的红色文本。

第 2 步：右击，在弹出的快捷菜单中选择"项目符号和编号"命令，打开"项目符号和编号"对话框，如图 4-9 所示。

第 3 步：在"项目符号"选项卡中任意选择一种项目符号，单击"自定义"按钮，打开"自定义项目符号列表"对话框，如图 4-10 所示。

第 4 步：单击"字符"按钮，打开"符号"对话框，在该对话框中选择"符号"选项卡，在"字体"下拉菜单中选择"Wingdings"，选中"📖"，如图 4-11 所示，单击"插入"按钮，再单击"确定"按钮，即文档的项目符号设置完成，效果如图 4-12 所示。

图 4-9　"项目符号和编号"对话框

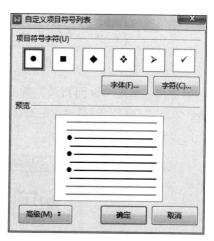

图 4-10　"自定义项目符号列表"对话框

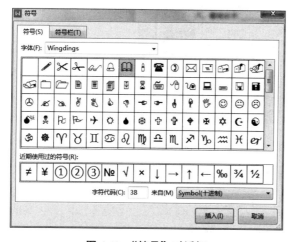

图 4-11　"符号"对话框

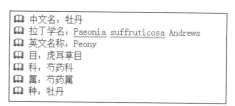

图 4-12　设置项目符号后的文档效果

5. 设置页眉页脚

（1）为文档设置页眉，具体要求如下。

① 奇数页的页眉为"国色天香"，"对齐方式"为"居中对齐"，且"页眉横线"为单细线。

第 1 步：在"插入"选项卡中单击"页眉页脚"按钮。

第 2 步：单击"页眉横线"右下角的"页面设置"对话框的启动按钮，打开"页面设置"对话框，在该对话框中选择"版式"选项卡，在"页眉和页脚"组中，勾选"奇偶页不同"前面的复选框，如图 4-13 所示，单击"确定"按钮。

第 3 步：在"奇数页"页眉编辑区中输入"国色天香"，设置对齐方式为"居中"，单击"页眉横线"右侧的下拉按钮，在列表中选择"细横线"，效果如图 4-14 所示。

② 偶数页的页眉为"牡丹"，"对齐方式"为"居中对齐"，且"页眉横线"为单细线。

将鼠标指针定位到偶数页页眉编辑区，输入"牡丹"，"对齐方式"设置为"居中对齐"，且"页眉横线"为单细线，效果如图 4-15 所示。

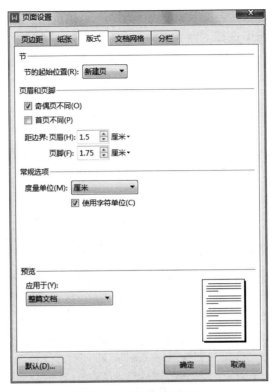

图 4-13　设置奇偶不同

图 4-14　奇数页页眉效果

图 4-15　偶数页页眉效果

（2）在页脚插入页码，奇数页与偶数页的页码"对齐方式"均为"居中对齐"，且"样式"都设置为"-x-"。

第 1 步：在页脚处双击，再单击"插入页码"按钮。

第 2 步：单击插入的页码，弹出"页码设置"等设置项。

第 3 步：单击"页码设置"按钮，在列表中选择样式"-1-, -2-, ..."，位置选择"居中"，如图 4-16 所示。

第 4 步：单击"页眉页脚"下的"关闭"按钮即可。

6. 设置水印

插入"文字水印"，水印内容为"考试专用"、字体为"楷体"、版式为"倾斜"、透明度为 60%，其余参数取默认值。

第1步：在"页面布局"选项卡中单击"背景"下拉按钮，在下拉菜单中选择"水印"命令，在"水印"子菜单中选择"插入水印"命令，弹出"水印"对话框。

第2步：在"水印"对话框中，选择"文字水印"组，"内容"输入"考试专用"，"字体"选择"楷体"，在"版式"中选择"倾斜"，"透明度"设置为"60%"，其余参数取默认值，如图4-17所示。

第3步：单击"确定"按钮。

图4-16　设置页码格式

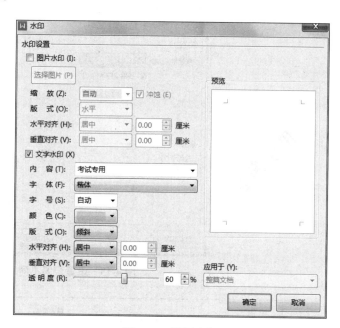

图4-17　设置水印

7. 文档样式的使用

（1）修改文档样式：文档的标题样式需要修改，具体要求如下。

① 将"标题1"样式设置为"单倍行距"，段前和段后间距都是3磅，三号字，其他参数取默认值。

第1步：在"开始"选项卡中单击"样式"组中的下拉按钮，在下拉菜单中右击"标题1"，在弹出的快捷菜单中选择"修改样式"命令，弹出"修改样式"对话框。

第2步：在"修改样式"对话框中单击左下角的"格式"按钮，选择"段落"命令，弹出"段落"对话框，如图4-18所示。

第3步：在"段落"对话框中，分别设置行距为"单倍行距"，段前和段后间距都为"3磅"，单击"确定"按钮，关闭"段落"对话框，如图4-19所示。

第4步：在"修改样式"对话框中选择"三号"字，其他参数取默认值，单击"确定"按钮。

② 利用相同的方法将"标题2"样式设置为"单倍行距"，段前和段后间距都是0磅，四号字，其他参数取默认值。

③ 利用相同的方法将"标题3"样式设置为"单倍行距"，段前和段后间距都是0磅，小四号字，其他参数取默认值。

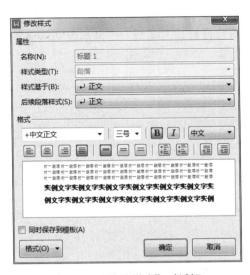

图 4-18 "修改样式"对话框

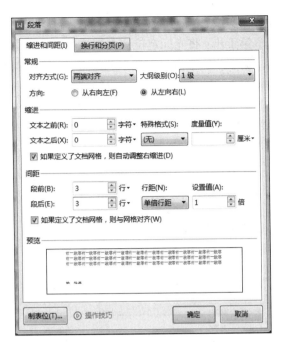

图 4-19 行距、段前段后间距设置

（2）设置标题样式：文中的各级标题已经按表 4-1 要求，预先应用了对应的标题样式，但现在发现有漏掉设置的情况，具体为"七、繁殖方式"及其下的三个内容"（一）分株和嫁接""（二）扦插、播种和压条"和"（三）组织培养"，请将它们按要求设置。

表 4-1　文档标题设置要求

内　容	样　式	示　例
"一、..." "二、..."	标题 1	一、植物学史
"（一）..." "（二）..."	标题 2	（一）株型
"1. ..." "2. ..."	标题 3	1. 历史沿革

第 1 步：选中"七、繁殖方式"，单击"开始"选项卡，选择"样式"组中的"标题 1"命令。

第 2 步：按 Ctrl 键，分别选中"（一）分株和嫁接""（二）扦插、播种和压条"和"（三）组织培养"，单击"开始"选项卡，选择"样式"组中的"标题 2"命令，效果如图 4-20 所示。

> **七、繁殖方式**
>
> 　　牡丹繁殖方法有分株、嫁接、播种等，但以分株及嫁接居多，播种方法多用于培育新品种。
>
> **（一）分株和嫁接**

图 4-20　设置标题样式

8. 插入目录

在文档最前面（即第一行文章标题之前）创建"自定义目录"，将"制表符前导符"

设置为实线,"显示级别"设置为 3,其他参数取默认值。

第 1 步:将光标定位到文档最前面(即第一行文章标题之前)。

第 2 步:单击"引用"选项卡,单击"目录"按钮,选择"自定义目录"命令,如图 4-21 所示,弹出"目录"对话框。

第 3 步:在"目录"对话框中,"制表符前导符"设置为"实线","显示级别"设置为"3",其他参数取默认值,如图 4-22 所示。

图 4-21 选择"自定义目录"

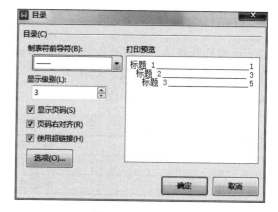

图 4-22 设置目录

第 4 步:单击"确定"按钮,插入的目录如图 4-23 所示。

9. 查找与替换

文档中多处出现了方括号中有一位数字或两位数字的内容(例如:[3]、[15] 等),共计 42 处,请将文档中的这类内容全部删除(提示:使用"替换"功能实现)。

第 1 步:单击"开始"选项卡下的"查找和替换"下拉按钮,在下拉菜单中选择"替换"命令,弹出"查找和替换"对话框中的"替换"选项卡。

第 2 步:在该对话框的"查找内容"项中输入"(\[)[0-9]{1,2}(\])"(提示:所有符号均在英文输入法状态下输入),"替换为"中不输入任何内容,单击"高级搜索"按钮,"搜索"的范围选择"全部",勾选"使用通配符"复选框,如图 4-24 所示。

第 3 步:单击"全部替换"按钮,关闭"查找和替换"对话框,弹出如图 4-25 所示的对话框,单击"确定"按钮即可。

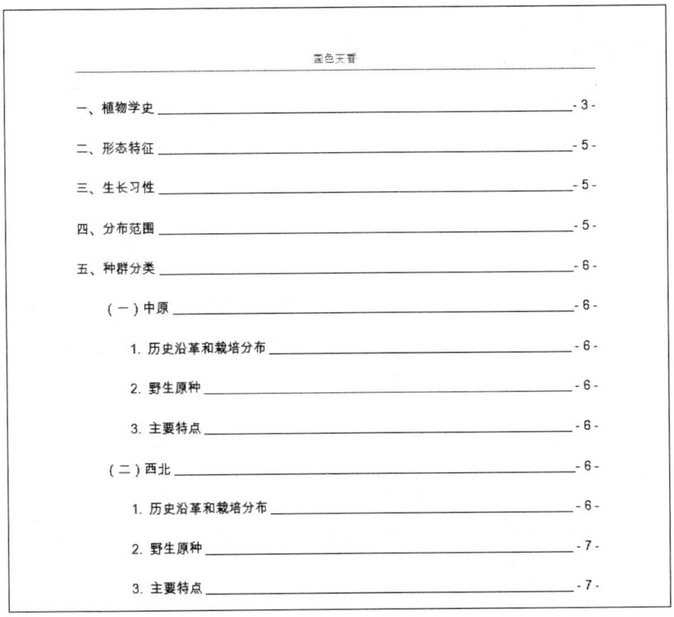

图 4-23　插入的目录（部分）

图 4-24　设置查找与替换的内容

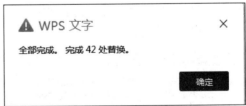

图 4-25　"替换完成"对话框

 任务 2　"班规班约"制作实训

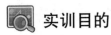 实训目的

- 掌握 WPS 2019 文档基本操作。

- 掌握文档格式设置。
- 掌握插入与编辑图片的方法。
- 学会设置文档页面格式。
- 学会预览并打印文档。

实训内容

俗话说，无规矩不成方圆。新生入学，为了更好地管理班级，班主任和全班同学根据学校规定和本班实际情况，都会为班级制定一份班级公约，并将班级公约录入计算机，对文档进行规范的格式设置，让文档条理分明、便于阅读，并插入图片，为整个班规增添活力，并将其用 A4 纸打印。

1. 新建空白文档

双击桌面上的 WPS 文档图标来启动程序，在"首页"中选择"新建"命令，单击"新建文字"→"新建空白文字"按钮即可创建一个空白文档。

2. 保存文档

对于新创建的文档，要养成及时保存的习惯，以防断电使信息丢失。将文档保存到"此电脑"下的 D 盘 / 班级管理文件夹里，文件格式选择"Word 文件（*.docx）"，文件名为"班规班约"。

第 1 步：单击"文件"按钮，在打开的功能下拉菜单中选择"另存为"命令，选择"Word 文件（*.docx）"命令，弹出"另存文件"对话框。

第 2 步：选择文档保存的位置、文档类型、输入文件名等。

第 3 步：单击"保存"按钮即可。

在实际应用中，可单击快速访问工具栏中的"保存"按钮，或者同时按 Ctrl+S 组合键更常用、更便捷的方式完成手动保存。

3. 录入班规内容

在新建的空白文档里录入班规内容。保存的文件名为"班规班约 .docx"。

> **提示：** 对于一些特殊的符号可以从"插入"选项卡中"符号"对应的下拉菜单中插入。

在录入文本过程中难免会出现错字、多字或少字的情况，要校对文档并进行修改与编辑。

按 Backspace 键可删除光标之前的文字，按 Delete 键可删除光标之后的文字。如果已选中需要删除的内容，按这两个键中的任意一个均可直接删除。

4. 设置格式

在 WPS 中打开"素材库 \ 项目 4\ 素材 \ 班规班约 .docx"文档，按下列要求进行编辑。

1）设置标题格式

选中文档标题"班规班约"，在"开始"选项卡的"字体"组中设置字体为"黑体"，字号为"三号"，然后单击"加粗"按钮 B。

2）设置段落格式

单击“段落”组中的“居中对齐”按钮☰，如图 4-26 所示。

图 4-26 “字体”“段落”选项组

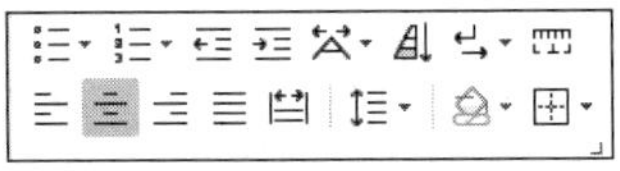

还可使用浮动工具栏进行设置，选中标题“班规班约”，在文字右上角就弹出浮动工具栏。设置对应项即可。

3）设置段前段后间距为 0.5 行

选中标题“班规班约”，右击，在弹出的快捷菜单中选择“段落”命令，打开“段落”对话框，在“缩进和间距”选项卡的“间距”组中设置段前段后间距均为 0.5 行，如图 4-27 所示。

4）设置正文格式

（1）选中正文所有内容，设置字体为“宋体”，字号为“小四号”。

（2）设置段落格式。

在“段落”对话框中单击“缩进和间距”选项卡，设置行距为 1.5 倍行距，“缩进”组的特殊格式里选择“首行缩进”2 个字符。

选中“一、学习方面”“二、纪律方面”“三、生活卫生方面”“四、班委工作管理方面”“五、班干部”“六、本公约未尽事宜，由班主任及班委完善。”将其加粗，并添加灰色底纹。

格式效果如图 4-28、图 4-29 所示。

图 4-27 “段落”对话框

班规班约

为规范本班全体同学的行为，使每同学都能自觉遵守纪律、自尊、自爱、自重，养成良好的学习习惯、生活习惯和卫生习惯，提高学生自身素质，展现新时代中专生的创新风采，特制定以下班规。

一、学习方面

1. 严格遵守学校作息时间，不迟到、不早退、不旷课。
2. 上课时认真听讲，不谈笑、说闲话、睡觉，不做与上课无关的事情。
3. 按时完成作业，不会做请教同学或老师。
4. 考试认真独立完成，不作弊。
5. 上实践课认真听从指导老师的安排，遵从机房管理制度。

对自己要有信心，争取更大的进步，不要气馁，也不要自卑。

二、纪律方面

1. 周一开晨会队伍排列整齐
2. 不在教室吃饭，吃零食。
3. 下课不在教室追打、大声喧哗，不在墙上乱涂乱画。
4. 自习课认真学习、做作业、不讲话，不随便下位，有问题下课讨论。
5. 不说脏话，不侮辱他人、礼貌待人、和睦相处、团结友爱。
6. 不吵架，不打架斗殴，不赌博。
7. 不睡懒觉，按时起床，晚上及时熄灯就寝。
8. 阅读健康书籍，不上网，不玩电子游戏，不进“三室一厅”。
9. 请假应经批准同意方可离校，病假应有校医务室或地方医院证明并办理请假可续。

积极参加各项活动，不拖拖拉拉，爱护公物，关心集体，有集体荣誉感。

三、生活卫生方面

1. 不染发，不烫发，不化妆，不佩戴首饰，不早恋。
2. 不随地吐痰，不乱扔赃物，及时处理抽屉里的垃圾纸屑，不践踏草坪，不破坏花草树木。
3. 积极参加劳动，爱护公物，轮到值日的同学做好当天值日。

图 4-28 正文设置效果（1）

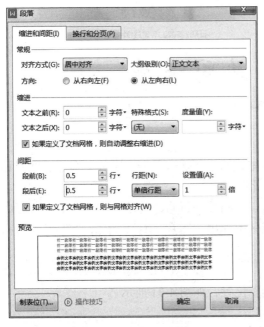

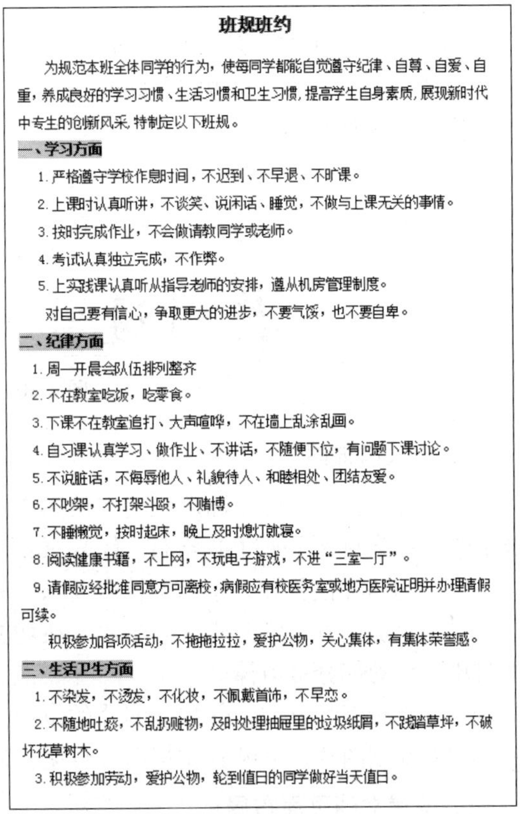

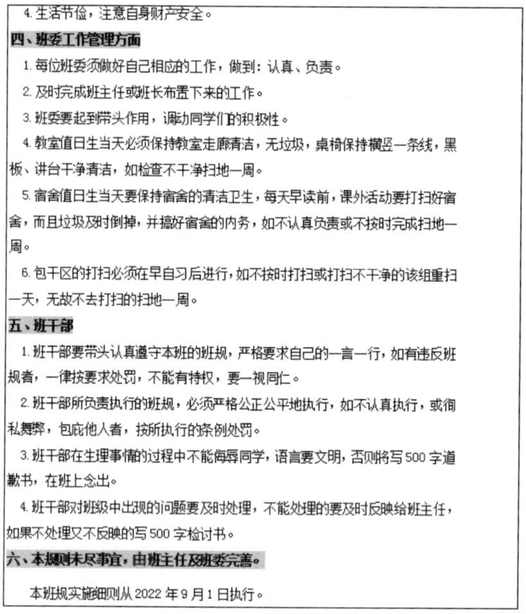
4. 生活节俭，注意自身财产安全。

四、班委工作管理方面

1. 每位班委须做好自己相应的工作，做到：认真、负责。

2. 及时完成班主任或班长布置下来的工作。

3. 班委要起到带头作用，调动同学们的积极性。

4. 教室值日生当天必须保持教室走廊清洁，无垃圾，桌椅保持横竖一条线，黑板、讲台干净清洁，如检查不干净扫地一周。

5. 宿舍值日生当天要保持宿舍的清洁卫生，每天早读前，课外活动要打扫好宿舍，而且垃圾及时倒掉，并搞好宿舍的内务，如不认真负责或不按时完成扫地一周。

6. 包干区的打扫必须在早自习后进行，如不按时打扫或打扫不干净的该组重扫一天，无故不去打扫的扫地一周。

五、班干部

1. 班干部要带头认真遵守本班的班规，严格要求自己的一言一行，如有违反班规者，一律按要求处罚，不能有特权，要一视同仁。

2. 班干部所负责执行的班规，必须严格公正公平地执行，如不认真执行，或徇私舞弊，包庇他人者，按所执行的条例处罚。

3. 班干部在生理事情的过程中不能侮辱同学，语言要文明，否则将写 500 字道歉书，在班上念出。

4. 班干部对班级中出现的问题要及时处理，不能处理的要及时反映给班主任，如果不处理又不反映的写 500 字检讨书。

六、本规则未尽事宜，由班主任及班委完善。

本班规实施细则从 2022 年 9 月 1 日执行。

图 4-29　正文设置效果（2）

5）设置落款格式

第 1 步：选中“班级”和“日期”对应内容，字体为“黑体”，字号为“小四号”，右对齐。

第 2 步：选中“共同遵守共同进步”，字体为“华文行楷”，字号为“初号”，居中对齐。

格式效果如图 4-30 所示。

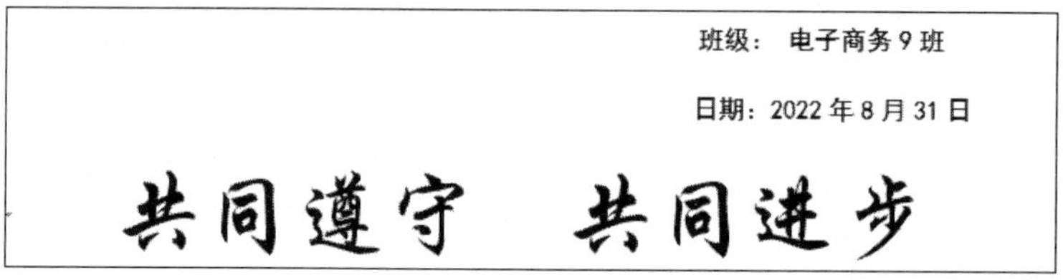
班级：电子商务 9 班

日期：2022 年 8 月 31 日

共同遵守　共同进步

图 4-30　落款效果

5. 插入修饰图

（1）插入图片：将光标定位到文档第 1 页尾，选择“插入”→“图片”命令，在对话框中选择“素材库 \ 项目 4\ 素材 \ 藤条 .jpg”图片。

插入的图片位置和大小都不符合要求，所以对图片进行修改与编辑。

（2）裁剪图片：单击插入的图片，在功能区中弹出“图片工具”，单击“裁剪”按钮，将图片多余的部分裁剪掉。

（3）旋转图片方向，并移动图片的位置。

（4）复制图片，粘贴到文档第 2 页尾，调整位置，如图 4-31 所示。

6. 设置文档页面布局

1）设置纸张大小、方向和页边距

《班规班约》要用 A4 纸打印，WPS 文档默认为 A4 纸，方向为纵向，无须再设置。

切换至"页面布局"选项卡，在"页边距"组中分别设置上：2.54cm，下：2.54cm，左：1.91cm，右：1.91cm，如图 4-32 所示。

图 4-31 插入修饰图　　　　　　　　　　　图 4-32 设置页边距

2）设置页眉和页脚

（1）设置页眉。

单击"插入"选项卡下的"页眉页脚"按钮，打开"页眉页脚"选项卡，页面处于页眉和页脚的设置状态，如图 4-33 所示。

图 4-33 "页眉页脚"选项卡

单击"页眉"按钮，选择"空白"页眉，进入页眉编辑状态，在光标闪烁的地方输入页眉内容"2022 级电子商务 9 班《班级公约》"并将页眉居中对齐，如图 4-34 所示，然后单击"关闭页眉页脚"按钮即可看到设置的页眉效果。

图 4-34 页眉设置

（2）设置页脚。

单击"页眉页脚"选项卡中的"页眉页脚切换"按钮，切换至页脚区，单击"插入页码"按钮，弹出"页码设置"对话框，可以选择"样式"、插入的"位置"以及"应用范围"，如图 4-35 所示，然后单击"关闭页眉和页脚"按钮即可看到设置的页脚效果。

7. 打印预览和打印

1）打印预览

文档格式设置完成，在打印之前先预览一下打印的效果，如果有不满意的地方还可调整。调整完成后单击"保存"按钮保存《班规班约》。

单击快速访问工具栏中的"打印预览"按钮，即可预览整篇文档的效果，还会弹出"打印预览"选项卡，做打印前的调整，如图 4-36 所示，或者选择"文件"菜单中的"打印"命令，在子菜单中选择"打印预览"也可预览。

2）文档打印

《班规班约》设置完成后，就可通过打印机打印成纸质文件粘贴到教室里，随时提醒每位同学共同遵守，共同进步。

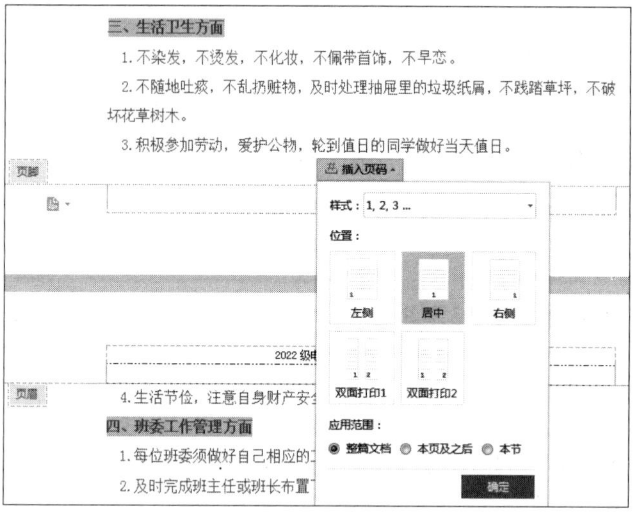

图 4-35　页脚设置

图 4-36　"打印预览"选项卡

　　单击快速访问工具栏中的"打印"按钮 🖨，或者按 Ctrl+P 组合键，或者单击"文件"菜单中的"打印"按钮，在子菜单中选择"打印"命令，弹出"打印"对话框，如图 4-37 所示，在该对话框中可以选择打印机，设置打印机的属性，设置打印的页面范围，打印的份数，设置完成后单击"确定"按钮即可打印。

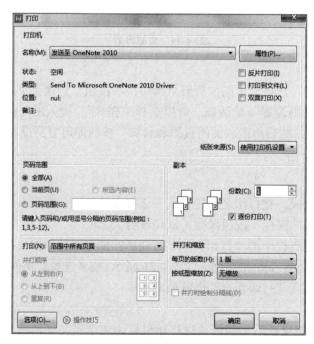

图 4-37　"打印"对话框

任务 3 "员工信息表"制作实训

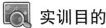 实训目的

- 熟练掌握 WPS 2019 文档中插入表格的方法。
- 熟练掌握表格编辑与修改的方法。
- 熟练掌握表格修饰与美化的方法。
- 能独立完成简单表格的制作。

 实训内容

李明是某电子厂办公室的工作人员，单位要对新入职的员工进行信息统计，并要求员工填写纸质的表格。所以李明需要设计并制作一份表格。他选择在 WPS 文字处理软件中完成，制作的员工信息表效果如图 4-38 所示。

员工信息表

年　　月　　日

姓　名		性　别		民　族		照片
政治面貌		出生年月		婚　否		
户籍所在地						
现居住地址						
个人爱好			身　高			
电子邮箱			联系电话			
学历情况	毕业时间	毕业学校		所学专业		
家庭成员	姓名	年龄	工作单位	身份证号		
工作简历	何年何月至何年何月	在何单位		具体岗位/职责		
专业技术职业（工种）		职业资格等级		资格证书编号		
现任职务	部门		职位		备注	
入职时间			备注：			

图 4-38　员工信息表效果图

1. 插入表格

第 1 步：新建一个空白文档，在文档的第一行输入"员工信息表"5 个字。

第 2 步：在文档的第二行空白处单击定位光标，单击"插入"选项卡下的"表格"按钮。

第 3 步：选择下拉菜单中的"插入表格"命令，弹出"插入表格"对话框，如图 4-39 所示，在该对话框中设置表格的行数和列数。

第 4 步：单击"确定"按钮即可在文档中插入一个 19 行 7 列的表格，如图 4-40 所示。

图 4-39 "插入表格"对话框

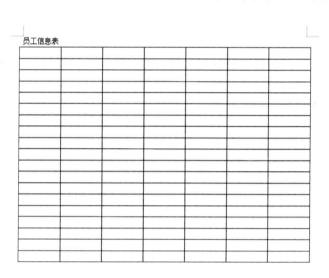

图 4-40 插入 19 行 7 列表格

2. 编辑与修改表格

1）在单元格中录入表格内容

第 1 步：在单元格中录入文字，如图 4-41 所示，根据表格内容随时调整表格布局。

员工信息表
年　月　日

姓　名		性　别		民　族		照片
政治面貌		出生年月		婚　否		
户籍所在地						
现居住地址						
个人爱好			身　高			
电子邮箱				联系电话		
学历情况	毕业时间	毕业学校		所学专业		
家庭成员	姓名	年龄		工作单位		身份证号
工作简历	何年何月至何年何月	在何单位		具体岗位/职责		
专业技术职业（工种）		职业资格等级			资格证书编号	
现任职务	部门		职位			备注
入职时间				备注：		

图 4-41 在表格中录入文字

第 2 步：在"工作简历"所在行的下方插入 4 行。选中"工作简历"所在行，在弹出的"浮动工具栏"中单击"插入"按钮右下角的下拉按钮，如图 4-42 所示，在下拉菜单中选择"在下方插入行"命令，即可在选中行下方插入一行。利用相同的方法再插入 3 行空行，或者按 3 次 F4 重复刚才的操作。

图 4-42 利用"浮动工具栏"插入行

第 3 步：将"工作简历"及下方的 4 个单元格合并为一个单元格。用鼠标拖动选中"工作简历"及下方的 4 个单元格，单击"表格工具"选项卡下的"合并单元格"按钮，即可将选定单元格合并为一个单元格，如图 4-43 所示。

	何年何月至何年何月	在何单位	具体岗位/职责
工作简历			

图 4-43 合并单元格

第 4 步：利用相同的方法在"现任职务"所在行的下方插入 3 行，或将光标移至"现任职务"下方边框处，即会出现 按钮，单击 按钮即可快速插入一行，连续插入 3 行空行，单击 按钮可以快速删除一行或多行。

第 5 步：分别将"简历情况"及下方的 3 个单元格合并，"家庭成员"及下方的 4 个单元格合并。选中需要合并的单元格，单击"表格工具"选项卡下的"合并单元格"按钮即可完成合并。

第 6 步：利用相同方法完成第 7 列第 1~4 行单元格的合并，并输入"照片"两个字，如图 4-44 所示。

第 7 步：分别完成"户籍所在地""现居住地址""个人爱好""身高""电子邮箱""联系电话""毕业学校""所学专业"等单元格的合并，效果如图 4-45 所示。

图 4-44 合并照片单元格

2）美化与修饰表格

第 1 步：选中标题"员工信息表"5 个字，字体为"黑体"，字号为"三号"，加粗，居中对齐。

第 2 步：选中第 2 行"年月日"，将文本字体设置为"宋体"，字号为"小四号"，右对齐。

图 4-45　单元格合并后效果图

第 3 步：单击表格左上角的⊞按钮，选中整张表格，将文本字体设置为"宋体"，字号为"小四号"，加粗；切换到"表格工具"选项卡，单击"对齐方式"按钮，在弹出的下拉列表中选择"水平居中"命令，将表格中所有文字水平居中对齐，效果如图 4-46 所示。

图 4-46　文字水平居中

第 4 步：选中整张表格，单击"表格工具"选项卡，设置表格行高为 0.8cm，调整列宽到合适的位置。

第 5 步：进行细节调整，如"姓名""性别""民族"等字符间距，做好的员工信息表如图 4-47 所示。

员工信息表

					年　　月　　日
姓　名		性　别		民　族	照片
政治面貌		出生年月		婚　否	
户籍所在地					
现居住地址					
个人爱好			身　高		
电子邮箱			联系电话		
学历情况	毕业时间	毕业学校		所学专业	
家庭成员	姓名	年龄	工作单位	身份证号	
工作简历	何年何月至何年何月		在何单位	具体岗位/职责	
专业技术职业（工种）		职业资格等级	资格证书编号		
现任职务		部门	职位	备注	
入职时间			备注：		

图 4-47　员工信息表

第 6 步：保存表格。

项目 5

WPS 电子表格制作实训

项目 5 素材

任务 1 电子表格统计实训

 实训目的

- 熟练掌握表格用"自动填充"功能快速录入的方法。
- 掌握合并单元格的功能。
- 学会用"单元格颜色填充"和"表格与边框"功能美化表格。
- 掌握常用函数的正确使用方法。
- 掌握图表功能的使用方法。

实训内容

将所学的理论知识与实践结合起来，培养勇于探索的创业精神和提高动手能力。加强团队协作精神，养成严肃认真的学习态度，为以后专业实习和走上工作岗位打下坚实的基础。开阔视野，培养在实践过程中研究、观察、分析、解决问题的能力。

1. 按要求编辑奥运会金牌获奖统计表

打开"素材库 \ 项目 5\ 素材 \ 奥运会金牌获奖统计 .xlsx"文件，按要求完成表格相关操作。

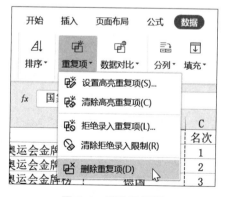

图 5-1 删除重复项

（1）复制 B 列信息到 H 列，删除 H 列重复项，操作步骤如下。

第 1 步：单击列号 B，选择 B 列数据区域，按 Ctrl+C 组合键完成复制操作；单击列号 H，选择 H 列数据区域，按 Ctrl+V 组合键完成粘贴操作。

第 2 步：单击列号 H，选择 H 列数据区域，选择"数据"→"重复项"→"删除重复项"选项，如图 5-1 所示，在"删除重复项"对话框中勾选"数据包含标题"复选框，单击"删除重复项"按钮，如图 5-2 所示，弹出"WPS 表格"提示对话框，单击"确定"按钮,如图 5-3 所示。

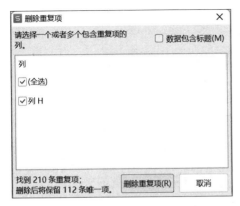

图 5-2 设置数据包含标题

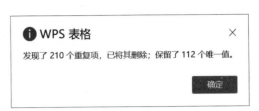

图 5-3 删除重复项提示

(2)替换"第 26 届 1996 年亚特兰大实运会金牌榜"为"第 26 届 1996 年亚特兰大奥运会金牌榜",操作步骤如下。

单击 A 列,按 Ctrl+H 组合键打开"替换"对话框,"查找内容"输入"第 26 届 1996 年亚特兰大实运会金牌榜","替换为"输入"第 26 届 1996 年亚特兰大奥运会金牌榜",单击"全部替换"按钮完成操作。

(3)完成删除重复项后,在 I2:I13 区域计算金牌总数,操作步骤如下。

第 1 步:单击 I2 单元格,输入公式"=SUMIF(B:B,H:H,D:D)",按 Enter 键,如图 5-4 所示。

第 2 步:再次单击 I2 单元格,移动鼠标指针至单元格右下角填充柄位置,拖动至 I13 单元格,完成填充数据,如图 5-5 所示。

	B	C	D	E	F	G	H	I	J
fx =SUMIF(B:B,H:H,D:D)									
	国家/地区	名次	金牌	银牌	铜牌		国家/地区	金牌总数	
运会金牌榜	美国	1	44	32	25			=SUMIF(B:B, H:H, D:D)	
运会金牌榜	俄罗斯	2	26	21	16		俄罗斯	SUMIF (区域, 条件, [求和区域])	

图 5-4 输入公式

图 5-5 填充数据

(4)对 H2:I13 区域数据,按照"金牌总数"完成"降序"排列,操作步骤如下。单击 H2 单元格,按住 Shift 键的同时单击 I13 单元格,在"数据"选项卡中单击"排序"下拉按钮,在下拉菜单中选择"自定义排序"命令,如图 5-6 所示,弹出"排序"对话框。在弹出的"排序"对话框中,"列"为"列 I","排序依据"为"数值","次序"为"降序",单击"确定"按钮完成操作,如图 5-7 所示。

(5)筛选出"第 29 届 2008 年北京奥运会金牌榜"中"中国"的奖牌信息,并将信息填列在 K7:P8 区域,操作步骤如下。

第 1 步:在 K2 单元格输入"奥运会名称"、L2 单元格输入"国家/地区"、K3 单元格输入"第 29 届 2008 年北京奥运会金牌榜"、L3 单元格输入"中国"作为高级筛选条件区域,如图 5-8 所示。

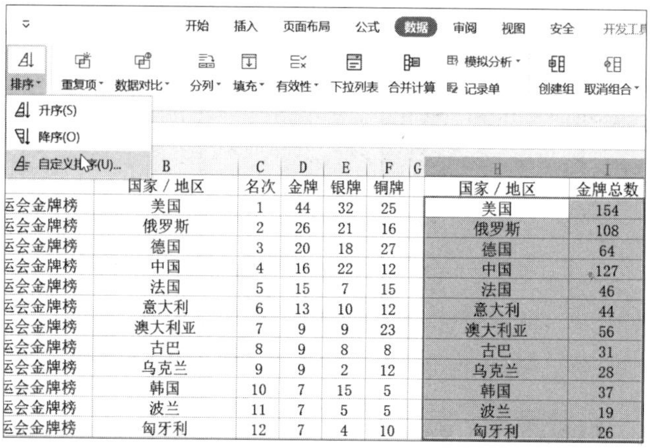

图 5-6　自定义排序

图 5-7　"排序"对话框

图 5-8　设置高级筛选条件

第 2 步：单击 A 列，按住 Shift 键的同时单击 F 列，选中 A~F 列数据区域，在"数据"选项卡中单击"筛选"下拉按钮，在下拉菜单中选择"高级筛选"命令，如图 5-9 所示，弹出"高级筛选"对话框；在弹出的"高级筛选"对话框中选择"列表区域"默认设置，"条件区域"使用句柄设置为 K2:L3，在"方式"组中选中"将筛选结果复制到其他位置"单选按钮，将筛选后的结构复制到 K7，单击"确定"按钮完成操作，如图 5-10 所示。

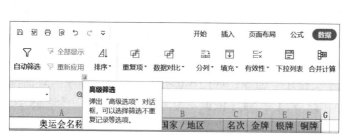

图 5-9　选择"高级筛选"命令

图 5-10　"高级筛选"对话框

对"奥运会金牌获奖统计 .xlsx"编辑后的效果如图 5-11 所示。

2. 按要求编辑数据透视表

打开"素材库 \ 项目 5\ 素材 \ 数据透视表 .xlsx"文件，按要求完成表格相关操作。

奥运会名称	国家/地区	名次	金牌	银牌	铜牌	国家/地区	金牌总数		奥运会名称		国家/地区				
第26届1996年亚特兰大奥运会金牌榜	美国	1	44	32	25	美国	154		第29届2008年北京奥运会金牌榜		中国				
第26届1996年亚特兰大奥运会金牌榜	俄罗斯	2	26	21	16	中国	127								
第26届1996年亚特兰大奥运会金牌榜	德国	3	20	18	27	俄罗斯	108								
第26届1996年亚特兰大奥运会金牌榜	中国	4	16	22	12	德国	64								
第26届1996年亚特兰大奥运会金牌榜	法国	5	15	7	15	澳大利亚	56								
第26届1996年亚特兰大奥运会金牌榜	意大利	6	13	10	12	法国	46		奥运会名称		国家/地区	名次	金牌	银牌	铜牌
第26届1996年亚特兰大奥运会金牌榜	澳大利亚	7	9	9	23	意大利	44		第29届2008年北京奥运会金牌榜		中国	1	51	21	28
第26届1996年亚特兰大奥运会金牌榜	古巴	8	9	8	8	韩国	37								
第26届1996年亚特兰大奥运会金牌榜	乌克兰	9	9	2	12	古巴	31								
第26届1996年亚特兰大奥运会金牌榜	韩国	10	7	15	5	乌克兰	28								
第26届1996年亚特兰大奥运会金牌榜	波兰	11	7	5	5	匈牙利	26								
第26届1996年亚特兰大奥运会金牌榜	匈牙利	12	7	4	10	波兰	19								
第26届1996年亚特兰大奥运会金牌榜	西班牙	13	5	6	6	西班牙									

图 5-11 奥运会金牌获奖统计表的效果图

（1）在现有工作表的 H15 单元格建立数据透视表，字段按顺序依次选择"奥运会金牌榜""国家/地区""金牌""银牌""铜牌""总计"，操作步骤如下。

第 1 步：单击 H15 单元格，将光标定位在 H15 单元格位置，单击"数据"→"数据透视表"按钮，弹出"创建数据透视表"对话框，如图 5-12 所示，单击"确定"按钮，弹出"数据透视表"对话框，如图 5-13 所示。

第 2 步：在"数据透视表"对话框中，"字段列表"依次勾选"奥运会金牌榜""国家/地区""金牌""银牌""铜牌""总计"复选框，完成操作，如图 5-13 所示。

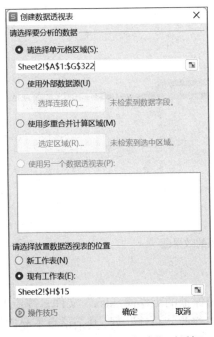

图 5-12 "创建数据透视表"对话框

图 5-13 设置字段列表

（2）在 H13 单元格设置"奥运会金牌榜"为"筛选器"，选择"第 29 届 2008 年北京奥运会金牌榜"，显示第 29 届 2008 年北京奥运会的金牌数据，操作步骤如下。

在"数据透视表区域"中将行中的"奥运会金牌榜"拖动至"筛选器"中，如图 5-14 所示。单击 I13 单元格中的"全部"下拉按钮，在下拉列表中选择"第 29 届 2008 年北京奥运会金牌榜"选项，单击"确定"按钮完成操作，如图 5-15 所示。

提示：对"数据透视表 .xlsx"编辑后的效果如图 5-16 所示。

图 5-14 设置筛选器

图 5-15 设置筛选条件

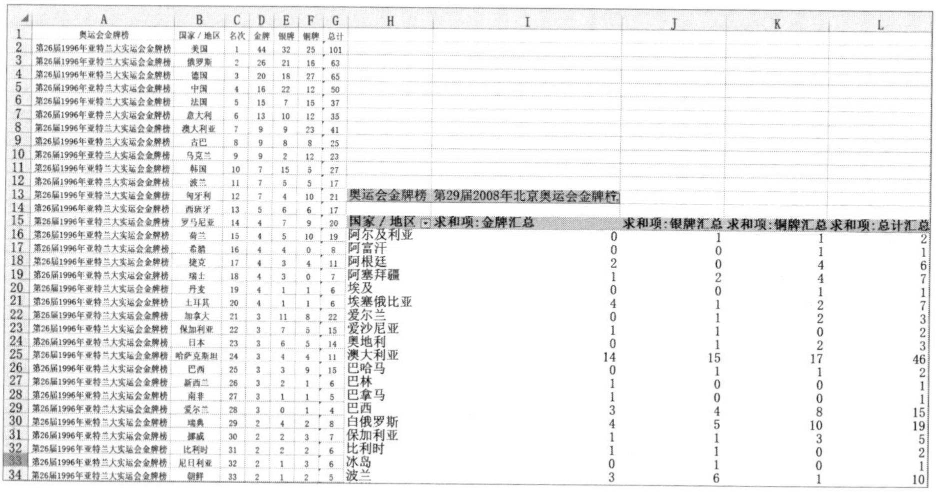

图 5-16 数据透视表的效果图

3. 按要求编辑允许他人编辑被保护的工作簿

打开"素材库\项目 5\素材\允许他人编辑被保护的工作簿 .xlsx"文件，按要求完成表格相关操作：设置允许输入密码"123"后，可以修改"总计"列，其余信息不允许修改，操作步骤如下。

单击 G 列，选中 G 列数据区域，单击"审阅""锁定单元格"按钮，单击"保护工作表"按钮，输入密码为 123，单击"确定"按钮，如图 5-17 所示，再次输入密码"123"确认，单击"确定"按钮完成操作，如图 5-18 所示。

4. 按要求编辑学生日常表现统计表

打开"素材库\项目 5\素材\学生日常表现统计表 .xlsx"文件，按要求完成表格的相关操作。

（1）使用函数计算作业平均成绩并填写在 N3:N32 区域，操作步骤如下。

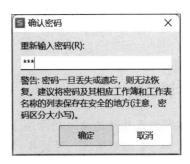

图 5-17　设置密码　　　　　　　图 5-18　确认密码

单击 N3 单元格，输入公式 "=AVERAGE(B3:G3)" 后按 Enter 键，双击 N3 单元格的填充柄完成公式自动填充。单击 N 列，右击，在弹出的快捷菜单中选择 "设置单元格格式" 命令，在 "数字" 选项卡中选择 "数值" 选项，"小数位数" 设置为 "0"，单击 "确定" 按钮。

（2）使用公式计算考勤成绩并填写在 O3:O32 区域，操作如下。

单击 O3 单元格，输入公式 "=SUM(H3:M3)*16" 后按 Enter 键，双击 O3 单元格的填充柄完成公式自动填充。

（3）使用公式计算总评成绩并填写在 P3:P32 区域，操作如下。

单击 P3 单元格，输入公式 "=AVERAGE(N3:O3)" 后按 Enter 键，双击 P3 单元格的填充柄完成公式自动填充。单击 P 列，右击，在弹出的快捷菜单中选择 "设置单元格格式" 命令，在 "数字" 选项卡中选择 "数值" 选项，"小数位数" 设置为 "0"，单击 "确定" 按钮。

> 提示：对 "数据透视表 .xlsx" 编辑后的效果如图 5-19 所示。

姓名	作业1	作业2	作业3	作业4	作业5	作业6	考勤1	考勤2	考勤3	考勤4	考勤5	考勤6	作业平均成绩	考勤成绩	总评成绩
全秋序	100	90	90	90	100	90	1	1	1	1	1	1	93	96	95
逢雪健	80	80	90	90	90	100	1	1	1	1	1	1	88	96	92
李子豪	80	70	60	80	90	70	1	1	1	1	1	1	75	96	86
李瑶涵	80	90	90	90	80	90	1	1	1	1	1	1	87	96	91
张瀚	70	60	80	60	80	90	1	1	1	1	1	1	73	96	85
王维高	90	90	90	90	90	100	1	1	1	1	1	1	92	96	94
杨晨	80	90	70	90	0	90	1	1	1	0	1	1	70	80	75
刘鸣旭	100	90	90	90	100	90	1	1	1	1	1	1	93	96	95
宋迎笑	80	80	90	90	90	100	1	1	1	1	1	1	88	96	92
包昊	80	70	60	80	90	70	1	1	1	1	1	1	75	96	86
马家驹	100	90	90	90	100	90	1	1	1	1	1	1	93	96	95
荣鑫	80	80	90	90	90	100	1	1	1	1	1	1	88	96	92
尚昊	80	70	60	80	0	70	1	1	1	1	1	1	60	80	70
高子琪	90	90	90	90	90	100	1	1	1	1	1	1	92	96	94
孟欣	90	90	90	0	80	90	1	1	1	1	1	1	73	80	77
张岳松	0	60	80	80	80	90	0	1	1	1	1	1	62	80	71
马佳兴	0	90	90	90	90	100	0	1	1	1	1	1	77	80	78
冯雷	80	90	0	70	90	0	1	1	0	1	1	1	57	64	60
宋阔	70	60	80	90	70	70	1	1	1	1	1	1	73	96	85
胡俊阳	80	80	90	90	90	100	1	1	1	1	1	1	88	96	92
赵阳	80	70	60	80	90	70	1	1	1	1	1	1	75	96	86
马欣悦	90	90	100	90	90	90	1	1	1	1	1	1	93	96	95
张志成	90	90	90	0	80	90	1	1	1	1	1	1	73	80	77
张帆	70	60	80	0	0	90	1	1	1	1	1	1	50	64	57
刘彤	80	80	0	0	90	100	1	1	1	0	1	1	58	64	61
张子鹭	80	70	60	80	90	70	1	1	1	1	1	1	75	80	78

学生日常表现统计表（周）

图 5-19　学生日常表现统计表效果图

任务 2　库存管理表制作实训

 实训目的

熟练掌握表格快速录入的方法，即"自动填充"功能、合并单元格功能、"单元格颜色填充"和"表格与边框"等功能；掌握 SUMIF() 和 IF() 函数的正确使用方法；掌握条件格式功能的使用。

 实训内容

在企业仓库管理过程中，最为关键的是库存管理，有效的库存管理能够使企业降低库存量，节约费用，保证资金流转，保证库存处于一个良好的平衡点，使决策、销售、生产等环节正常进行。正所谓"工欲善其事，必先利其器"，创建如图 5-20 所示的"库存管理表"。

产品	1号		2号		3号		本月合计			预警	库存
名称	入库	出库	入库	出库	入库	出库	入库	出库	库存	库存量	状态
产品1	30	20	50	30	40	43	120	93	27	30	需补货
产品2	40	21	76	50	50	54	166	125	41	30	充足
产品3	55	32	40	40	40	32	135	104	31	30	充足
产品4	35	12	55	44	60	33	150	89	61	30	充足
产品5	40	23	56	34	40	43	136	100	36	50	需补货
产品6	80	43	90	64	62	60	232	167	65	50	充足
产品7	100	65	120	43	50	70	270	178	92	50	充足
产品8	120	86	100	73	80	90	300	249	51	50	充足
产品9	65	34	80	32	70	60	215	126	89	50	充足

图 5-20　库存管理表效果图

1. 制作并美化库存管理表

创建"库存管理表"，如图 5-21 所示。一份优秀的表格，不仅赏心悦目、一目了然，而且具有良好的性能体验，要求做到结构合理，统一主题风格，均衡配色。

产品	1号		2号		3号		本月合计			预警	库存
名称	入库	出库	入库	出库	入库	出库	入库	出库	库存	库存量	状态
产品1	30	20	50	30	40	43				30	
产品2	40	21	76	50	50	54				30	
产品3	55	32	40	40	40	32				30	
产品4	35	12	55	44	60	33				30	
产品5	40	23	56	34	40	43				50	
产品6	80	43	90	64	62	60				50	
产品7	100	65	120	43	50	70				50	
产品8	120	86	100	73	80	90				50	
产品9	65	34	80	32	70	60				50	

图 5-21　美化库存管理表

请同学们利用"自动填充"功能快速录入数据，使用"合并单元格"功能调整表格结构，使用"单元格颜色填充"和"表格与边框"功能美化表格。

打开"素材库\项目 5\素材\库存管理表 .xlsx"文件，根据给出的图完成相关操作。

（1）对 A1:L1 区域合并单元格，填充颜色为"钢蓝，着色 1"，"字体颜色"为"白色背景 1"、宋体、16 号、加粗、水平居中且垂直居中、调整行高为 21 磅。

（2）对 A2:A3 区域合并单元格，"产品名称"双行排列，填充色为"钢蓝，着色 1，浅色 60%"，宋体、11 号、加粗。

（3）对 B2:C2 区域合并单元格，对 B2:C3 区域数据向右填充至 G3，填充色为"深灰绿，着色 3，浅色 60%"，宋体、11 号、加粗。

（4）对 H2:J2 区域合并单元格。H2:J3 区域填充色为"巧克力黄，着色 6，浅色60%"，宋体、11 号、加粗。

（5）对 K2:K3 区域、L2:L3 区域合并单元格，"预警库存量""库存状态"双行排列，填充色为"钢兰，着色 1，浅色 60%"，宋体、11 号、加粗。

（6）对 A4 区域自动填充数据至 A12。

（7）对 A1:L2 添加"表格与边框"。

（8）适当调整列宽使表格更加美观。

2. 为库存管理表添加函数

选取适当且有效的函数，具有趣味性、探索性、实践性、应用性和创新性。让我们一起体验一下吧！

（1）使用 SUMIF() 函数完成本月合计"入库"和"出库"的计算，将该公式填充至所有产品，操作步骤如下。

第 1 步：输入公式——单击 H4 单元格，输入"=SUMIF($B$3:$G$3,H3,$B4:$G4)"公式后按 Enter 键，如图 5-22 所示。

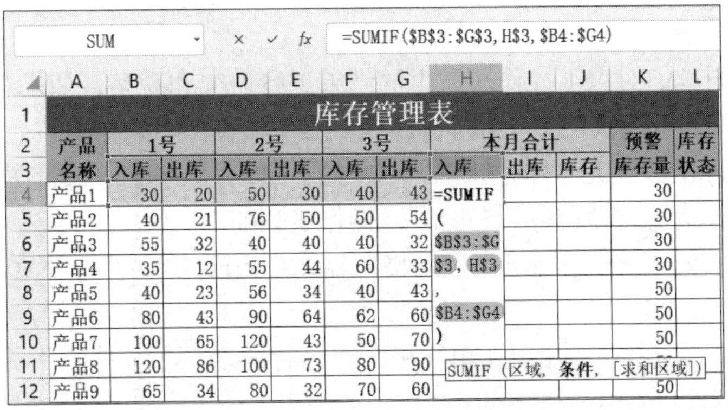

图 5-22 输入公式（1）

第 2 步：公式填充——单击 H4 单元格，将光标移动至单元格右下方，光标变为┿形状时，向右拖动至 I4 单元格，如图 5-23 所示。

第 3 步：公式填充——单击 H4 单元格并向右拖动至 I4 单元格，将光标移动至 I4 单元格右下方，光标变为┿形状时，向下拖动至 I12 单元格，如图 5-24 所示。

第4步：请同学们对以上操作所产生的结果进行研究和观察，如果有错误请及时分析并解决问题。

> **注**：SUMIF() 函数的第一个参数"区域"选取的范围是 \$B\$3:\$G\$3，锁列锁行，如果将 H4 单元格的公式向 I4 填充，则"区域"不会发生改变；第二个参数"条件"选取的范围是 H\$3，锁行不锁列，如果将 H4 单元格的公式向 I4 填充，则"条件"变为 I\$3 单元格；第三个参数"求和区域"选取的范围是 \$B4:\$G4，锁列不锁行，当公式向下填充时，随着"求和区域"的行的变化计算出对应行的"入库"和"出库"数值。

（2）使用公式（库存＝本月合计"入库"－本月合计"出库"）计算库存并将该公式填充至所有产品。操作步骤如下。

第1步：输入公式——单击 J4 单元格，输入"=H4-I4"后按 Enter 键，如图 5-25 所示。

图 5-23　填充公式（1）

图 5-24　填充公式（2）

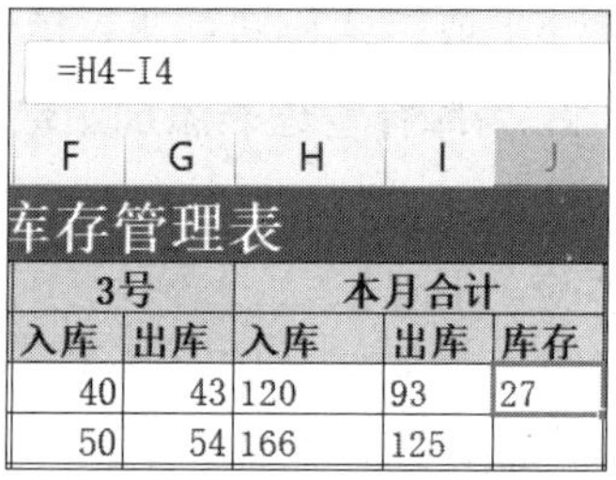

图 5-25　输入公式（2）

第2步：公式填充——单击 J4 单元格，将光标移动至单元格右下方，光标变为 ✚ 形状时双击，如图 5-26 所示。

第3步：请同学们对以上操作所产生的结果进行研究和观察，如果有错误请及时分析并解决问题。

（3）使用 IF() 函数填充"库存状态"，要求当"库存"小于"预警库存量"时，"库存状态"提示"需补货"，否则提示"充足"，操作步骤如下。

第1步：输入公式——单击 L4 单元格，输入"=IF(J4<K4," 需补货 "," 充足 ")"后按 Enter 键，如图 5-27 所示。

第2步：公式填充——单击 L4 单元格，将光标移动至单元格右下方，光标变为 ✚ 形状时双击，如图 5-28 所示。

第3步：请同学们对以上操作所产生的结果进行研究和观察，如果有错误请及时分析并解决问题。

（4）使用"条件格式"将"库存状态"中的"需补货"突出显示为"浅红填充色深红文本"，"充足"突出显示为"绿填充色深绿文本"，操作步骤如下。

第1步：单击 L4 单元格并向下拖动至 L12 单元格，单击"开始"菜单中的"条件格式"下拉按钮，选择"突出显示单元格规则"命令，选择"等于"选项，打开"等于"对话框，

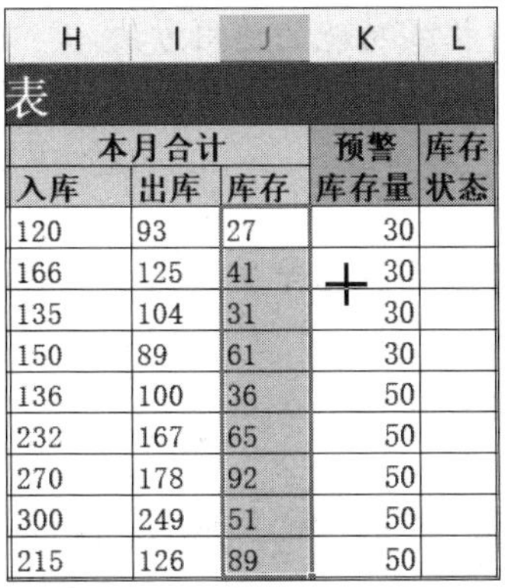

图 5-26　填充公式（3）

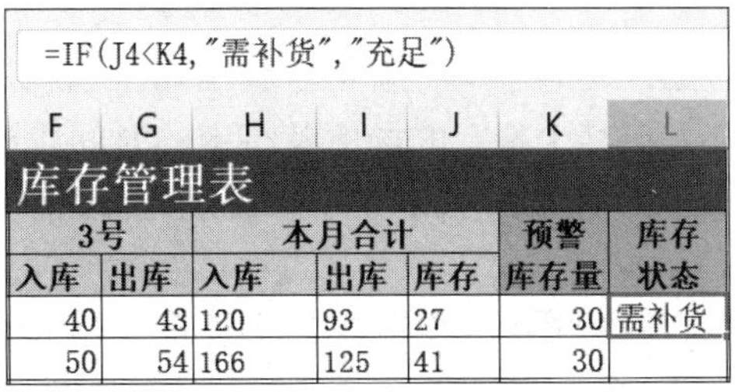

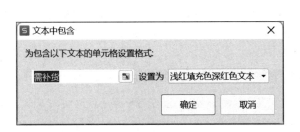

图 5-27　输入公式（3）

在文本框中输入"需补货"，颜色设置为"浅红填充色深红色文本"，单击"确定"按钮，如图 5-29 所示。

第 2 步：重复第 1 步操作，在文本框中输入"充足"，颜色设置为"绿填充色深绿色文本"，如图 5-30 所示。

图 5-28　填充公式（4）　　　　图 5-29　设置条件格式　　　　图 5-30　效果图

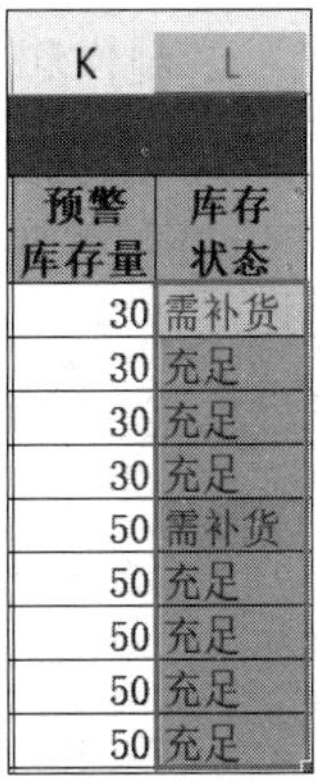

第 3 步：请同学们对以上操作所产生的结果进行研究和观察，如果有错误请及时分析并解决问题。

任务 3　动态考勤表制作实训

🔍 实训目的

熟练掌握表格快速录入的方法，即"自动填充"功能、合并单元格功能、"单元格颜色填充"和"表格与边框"等功能；掌握 DATE()、MONTH()、WEEKDAY()、IF()、

IFERROR()、COUNTIF() 函数的正确使用方法；掌握条件格式功能的使用方法。

实训内容

考勤，顾名思义，就是考查出勤，也就是通过某种方式来获得学生、员工或者某些团体、个人在某个特定的场所及特定的时间段内的出勤情况，包括上下班、迟到、早退、病假、婚假、丧假、公休、工作时间、加班情况等，动态考勤表如图 5-31 所示。

图 5-31　动态考勤表（1）

1. 制作和美化动态考勤表

创建如图 5-32 所示"动态考勤表"。要求做到结构合理，统一主题风格，均衡配色。

请同学们利用"自动填充"功能快速录入数据，使用"合并单元格"功能调整表格结构，使用"单元格颜色填充"和"表格与边框"功能美化表格，利用 DATE() 添加日期，利用条件格式和 WEEKDAY() 函数标记周六和周日。

图 5-32　动态考勤表（2）

打开"素材库 \ 项目 5\ 素材 \ 动态考勤表 .xlsx"文件，根据给出的图完成相关操作。

（1）对 A1:AK2 区域合并单元格，填充颜色为"钢蓝，着色 5"、图案填充效果为"水平"第 2 个、"字体颜色"为"黑色"宋体、16 号、加粗，水平居中且垂直居中、调整行高为 21 磅。

（2）对 B3:C3 区域合并单元格，填充颜色为"巧克力黄，着色 2，浅色 60%"，对 E3 单元格设置填充颜色为"巧克力黄，着色 2，浅色 60%"，居中，如图 5-33 所示。

第 1 步：对 B4 单元格添加公式"=DATE(B3,E3,1)"，如图 5-34 所示。

第 2 步：对 B4 单元格设置单元格格式，在"数字"选项卡中选择"自定义"命令，在"类型"栏输入"d"，如图 5-35 所示。

图 5-33　填充颜色

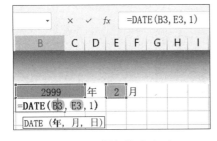

图 5-34　添加公式（1）

图 5-35　设置单元格格式

第 3 步：对 C4 单元格添加公式"=B4+1"，设置单元格格式同第 2 步，如图 5-36 所示。

第 4 步：单击 C4 单元格，将光标移动至单元格右下方，光标变为✚形状时，向右拖动至 AF4 单元格。

> **注**：当我们修改年份或月份时，日期会随之改变，如图 5-37 所示。

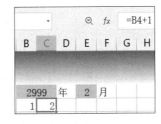

图 5-36　添加公式（2）

图 5-37　填充公式（1）

第 5 步：对 AG4:AK15 区域填充颜色为"浅绿，着色 6，浅色 60%"；对区域 A4:AK15 添加"表格与边框"，如图 5-38 所示。

第 6 步：选中 B4:AF15 区域，选择"开始"→"条件格式"→"新建规则"→"使用公式确定要设置格式的单元格"命令，输入公式"=WEEKDAY(B$4:AF$4)>5"，此公式的功能为将返回值大于 5 的周六和周日设置为突出显示，如图 5-39 所示。

> **注**：条件区域设置为锁行不锁列；单击"格式"→"图案"按钮，选择颜色为"巧克力黄，着色 2，浅色 60%"，如图 5-40 所示。

图 5-38　美化表格与边框

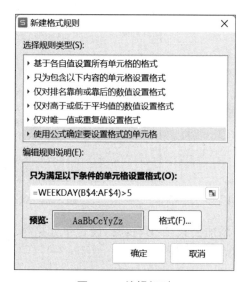

图 5-39　编辑规则

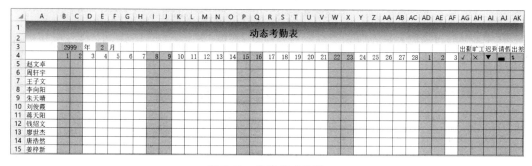

图 5-40　条件格式效果

2. 为动态考勤表添加函数

（1）在 AD4、AE4、AF4 三个单元格中的日期为下一个月的 1 日、2 日、3 日，根据人们的日常习惯本月应该不显示这几天，操作如下：单击 AD4 单元格，输入公式 "=IFERROR(IF(MONTH(AC4)=MONTH(AC4+1),AC4+1,""),"")"，单击 AD4 单元格，将光标移动至单元格右下方，光标变为╋形状时，向右拖动至 AF4 单元格，将下月的 1 日、2 日、3 日显示为空字符，如图 5-41 所示。

图 5-41　添加公式（3）

（2）选择 B5:AF15 区域，选择"数据"→"有效性"→"设置"命令，在"允许"

选项组中选择"序列"选项,"来源"选择区域"=$AG$4:$AK$4",如图 5-42 所示。

注:自动设置为锁行锁列,单击"确定"按钮完成设置,按照图 5-42 录入出勤记录。

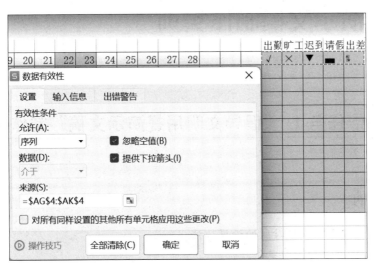

图 5-42 设置数据有效性

(3)单击 AG5 单元格,输入公式"=COUNTIF($B5:$AF5,AG$4)",如图 5-43 所示。

注:B5:AF5 区域为锁列不锁行操作,条件区域 AG4 为锁行不锁列操作。

(4)单击 AG5 单元格,将光标移动至单元格右下方,光标变为 ╋ 形状时,向右拖动至 AK5 单元格,释放鼠标后,将光标移动至 AK5 单元格右下方,继续向下拖动至 AK15 单元格,如图 5-44 所示。

图 5-43 添加公式(4)

AG	AH	AI	AJ	AK
出勤	旷工	迟到	请假	出差
✓	×	▼	▬	⇋
16	0	0	4	0
19	1	0	0	0
16	0	4	0	0
17	3	0	0	0
15	0	0	0	5
16	0	1	0	3
20	0	0	0	0
18	0	2	0	0
19	1	0	0	0
18	1	1	0	0
17	0	0	1	2

图 5-44 填充公式(2)

表格的功能已经设置完毕,请同学们修改考勤数据,检验公式是否统计准确。

项目 6

WPS 演示文稿制作实训

任务 1 "倡导文明用餐演示文稿"制作实训

实训目的

- 掌握 WPS 演示文稿中母版的设置方法。
- 学会对幻灯片进行排版美化。
- 掌握演示文稿中超链接的设置方法。
- 掌握幻灯片的切换方法。

实训内容

打开"素材库 \ 项目 6\ 素材 \ 任务 1\WPP.pptx",按要求完成演示文稿相关操作。

为了倡导文明用餐,制止餐饮浪费行为,形成文明、科学、理性、健康的饮食消费理念,我校宣传部决定开展一次全校师生的宣讲会,以加强宣传引导。汪小苗将负责为此次宣传会制作一份演示文稿,请帮助她完成这项任务。

1. 编辑幻灯片母版

通过编辑母版功能,对演示文稿进行整体性设计如下。

（1）将"素材库 \ 项目 6\ 素材 \ 任务 1\ 背景 .png"图片统一设置为所有幻灯片的背景。

第 1 步:单击"视图"选项卡下的"幻灯片母版"按钮,进入"幻灯片母版"编辑视图。

第 2 步:单击"背景"按钮,在右侧窗口弹出"对象属性"对话框。

第 3 步:选中"图片或纹理填充"单选按钮,在"图片填充"中选择"本地文件"选项,如图 6-1 所示。

第 4 步:弹出"选择纹理"对话框,找到"素材库 \ 项目 6\ 素材 \ 任务 1\"文件夹中的"背景 .png"文件,单击"打开"按钮,幻灯片母版中的背景图片就设置好了,效果如图 6-2 所示。

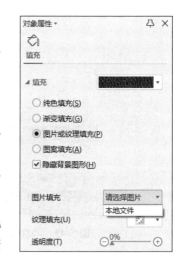

图 6-1 设置图片填充

图 6-2　母版背景设置效果

（2）将"素材库\项目 6\素材\任务 1"文件夹下的图片"光盘行动 logo.png"批量添加到所有幻灯片页面的右上角，然后单独调整"标题幻灯片"版式的背景格式使其"隐藏背景图形"。

第 1 步：单击"插入"选项卡下的"图片"下拉按钮，选择"本地图片"命令，打开"插入图片"对话框。

第 2 步：找到素材文件夹中的"光盘行动 logo.png"文件，单击"打开"按钮，图片就插入幻灯片母版中，将图片移到幻灯片页面左上角，效果如图 6-3 所示。

图 6-3　在母版中插入"光盘行动 logo.png"

第 3 步：选中"标题幻灯片"版式，右击，在弹出的快捷菜单中选择"设置背景格式"命令，在右侧窗口弹出"对象属性"窗格，勾选"填充"组中的"隐藏背景图形"复选框。

（3）将所有幻灯片中的标题字体统一修改为"黑体"。将所有应用了"仅标题"版式的幻灯片（第 2、4、6、8、10 页）的标题字体颜色修改为自定义颜色，RGB 值为红色：248、绿色：192、蓝色：165。

第 1 步：选中"标题幻灯片"版式，单击选中"标题占位符"，在"开始"选项卡下的"字体"列表中选择"黑体"选项，如图 6-4 所示。

第2步：单击"仅标题"版式的幻灯片（第2、4、6、8、10页），单击"标题占位符"，单击"开始"选项卡下的"字体颜色"下拉按钮，在下拉菜单中选择"其他字体颜色"选项，弹出"颜色"对话框，单击"自定义"选项卡。

第3步：RGB值分别设置为红色：248、绿色：192、蓝色：165，如图6-5所示。

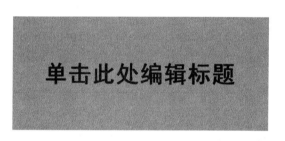

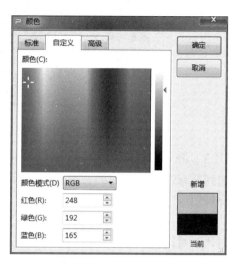

图 6-4　设置幻灯片母版中标题的字体为"黑体"　　　　图 6-5　自定义文字颜色

（4）将过渡页幻灯片（第3、5、7、9页）的版式布局更改为"节标题"版式。

第1步：选中第3张幻灯片，右击，在弹出的快捷菜单中选择"版式"命令。

第2步：选择"版式"命令下的"节标题"选项，如图6-6所示。

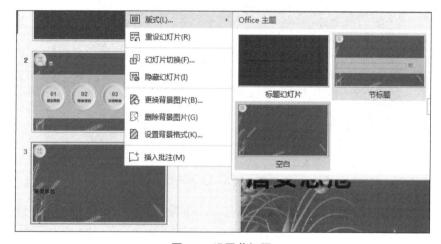

图 6-6　设置节标题

第3步：利用相同的方法分别设置第5、7、9页幻灯片的版式。

2. 设置幻灯片标题

按下列要求，对标题幻灯片（第1页）进行排版美化。

（1）美化幻灯片标题文本，为主标题应用艺术字的预设样式"渐变填充 - 金色，轮廓 - 着色4"，为副标题应用艺术字预设样式"填充 - 白色，轮廓 - 着色5，阴影"。

第1步：单击第1页幻灯片，选中标题"光盘行动，拒绝浪费"。

第2步：单击"文本工具"选项卡下的"艺术字样式"下拉按钮，选择"渐变填充-金色，轮廓-着色4"预设样式，如图6-7所示。

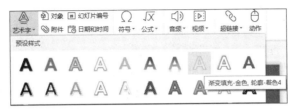

图6-7 设置艺术字样式

第3步：选中副标题，单击"插入"选项卡下的"艺术字"按钮，选择"填充-白色，轮廓-着色5，阴影"预设样式，效果如图6-8所示。

图6-8 艺术字效果图

（2）为幻灯片标题设置动画效果，主标题以"劈裂"方式进入，方向为"中央向左右展开"，副标题以"切入"方式进入，方向为"自底部"，并设置动画开始方式为鼠标单击时主、副标题同时进入。

第1步：选中标题，单击"动画"选项卡，选择进入组中的"劈裂"方式，单击"动画属性"下拉按钮，在下拉菜单中选择方向为"中央向左右展开"命令，如图6-9所示。

图6-9 设置标题动画效果（1）

第2步：利用相同的方法设置副标题以"切入"方式进入，方向为"自底部"。

第3步：设置标题为"单击时"开始播放，如图6-10所示，副标题为"与上一动画同时"播放。

图6-10 设置标题动画效果（2）

3. 设置超链接

按下列要求，为演示文稿设置目录导航的交互动作。

（1）为目录幻灯片（第2页）中的4张图片分别设置超链接动作，使其在幻灯片放映状态下，通过鼠标单击操作，即可跳转到相对应的节标题幻灯片（第3、5、7、9页）。

第1步：单击第2页幻灯片，选中幻灯片中第1张图片（01 居安思危），右击，在弹出的快捷菜单中选择"超链接"命令。

第2步：弹出"编辑超链接"对话框，单击"本文档中的位置"选项，选择幻灯片标题下的"3.居安思危"选项，单击"确定"按钮。

第3步：利用相同的方法分别将第2张图片（02 粮食背后）链接到"5.粮食背后"，第3张图片（03 珍惜粮食）链接到"7.珍惜粮食"，第4张图片（04 反对浪费）链接到"9.反对浪费"，如图6-11所示。

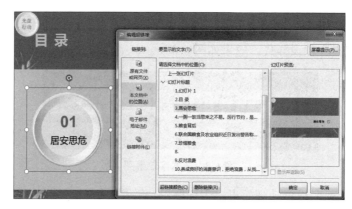

图6-11 设置目录导航超链接

（2）通过编辑母版，为所有幻灯片统一设置返回目录的超链接动作，要求在幻灯片放映状态下，单击各页幻灯片左上角的图片，跳转回到目录幻灯片。

第1步：单击"视图"选项卡下的"幻灯片母版"按钮，进入幻灯片母版编辑状态。

第2步：选中幻灯片母版右上角的图片，右击，在弹出的快捷菜单中选择"超链接"命令。

第3步：弹出"编辑超链接"对话框，选择"本文档中的位置"选项，选择幻灯片标题下的"2.目录"选项，单击"确定"按钮，如图6-12所示。

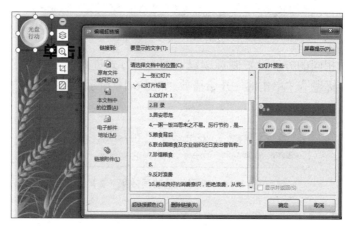

图6-12 设置幻灯片右上角的图片的跳转链接

在幻灯片放映状态下,通过单击各页幻灯片左上角的图片,即可跳转回到目录幻灯片。

4. 幻灯片的排版美化

(1)按下列要求,对第4页幻灯片进行排版美化。

① 将"素材库\项目6\素材\任务1"文件夹下的"锄地.png"图片插入本页幻灯片右下方。

第1步:单击第4页幻灯片,单击"插入"选项卡下的"图片"按钮,弹出"插入图片"对话框。

第2步:在该对话框中找到素材文件夹下的"锄地.png"图片,如图6-13所示,单击"打开"按钮。

图6-13 插入"锄地.png"图片

第3步:选中图片,按住鼠标左键将图片移到本页幻灯片右下角位置。

② 为两段内容文本设置段落格式,段落间距为段后10磅、1.5倍行距,并应用"小圆点"样式的预设项目符号。

第1步:选中幻灯片中两段内容,右击,在弹出的快捷菜单中选择"段落"命令,弹出"段落"对话框。

第2步:在该对话框中设置段落间距为段后10磅、1.5倍行距,如图6-14所示,单击"确定"按钮。

图6-14 设置段前、段后间距

第3步：单击"开始"选项卡下"段落"组中的"项目符号"按钮，选择"预设项目符号"下的"小圆点"样式，如图6-15所示。

第4页幻灯片排版美化的效果如图6-16所示。

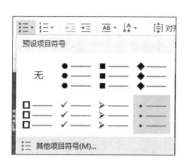

图6-15　设置项目符号　　　　　　图6-16　第4页幻灯片的排版美化效果

（2）按下列要求，对第6页幻灯片进行排版美化。

① 将"近期各国收紧粮食出口的消息"文本框设置为"五边形"箭头的预设形状。

第1步：单击第6页幻灯片，选中"近期各国收紧粮食出口的消息"文本框。

第2步：单击"绘图工具"选项卡下的"编辑形状"按钮，选择"更改形状"命令。

第3步：在"预设"下选择"箭头总汇"中的"五边形"选项，如图6-17所示。

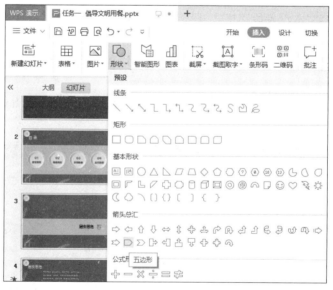

图6-17　文本框设置为"五边形"箭头的预设形状

② 将3段内容文本分别置于3个竖向文本框中，并沿水平方向上依次并排展示，相邻文本框之间以10厘米高、1磅粗的白色"直线"形状相分割，并适当进行排版对齐。

第1步：选中第1段文本内容，执行"剪切"命令。

第2步：单击"插入"选项卡下的"文本框"下拉按钮，选择"竖向文本框"命令。

第 3 步：在幻灯片中按住鼠标左键拖动绘制出文本框，按下 Ctrl+V 组合键，将剪切的段落内容粘贴到文本框中，调整文本大小及位置。

第 4 步：利用相同的方法完成第 2 个和第 3 个文本框，分别调整到合适的位置，并沿水平方向上依次并排展示，如图 6-18 所示。

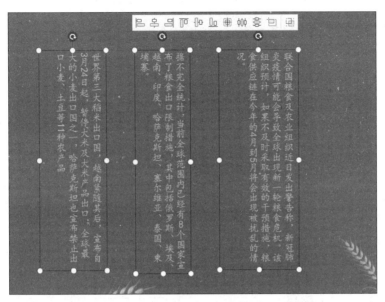

图 6-18　将 3 段内容文本分别置于 3 个竖向文本框中

第 5 步：选择"插入"选项卡下的"形状"命令，选择"线条"中的"直线"选项。

第 6 步：按住 Shift 键的同时拖动鼠标左键，在相邻文本框之间绘制出一条直线，如图 6-19 所示。

第 7 步：单击绘制的直线，在绘图工具选项卡下的右侧，设置形状的高度值为 10.00 厘米，如图 6-20 所示。

图 6-19　绘制直线　　　　　　　　　　**图 6-20　设置直线的高度**

第8步：选择"轮廓"下的"线型"选项，选择"1磅"选项，如图6-21所示，调整直线的位置。

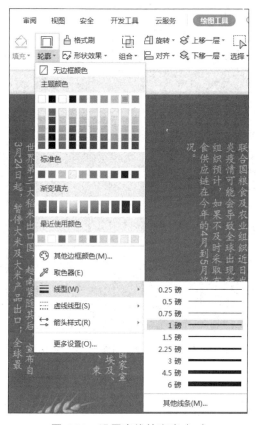

图 6-21　设置直线的宽度（1）

第9步：选中直线，按住 Ctrl 键，拖动直线，就可复制一条直线，将直线移动到2和3文本框之间，调整直线的位置，如图6-22所示。

图 6-22　设置直线的宽度（2）

（3）将第8张幻灯片中的三段文本，转换为智能图形中的"梯形列表"来展示，梯形列表的方向修改为"从右往左"，颜色更改为预设的"彩色——第4个色值"，并将整体高度设置为 8 厘米、宽度设置为 25 厘米。

第 1 步：单击第 8 张幻灯片。

第 2 步：选择"插入"选项卡下的"智能图形"命令，弹出"选择智能图形"对话框，在列表组中选择"梯形列表"选项，如图 6-23 所示，单击"插入"按钮，插入的梯形列表如图 6-24 所示。

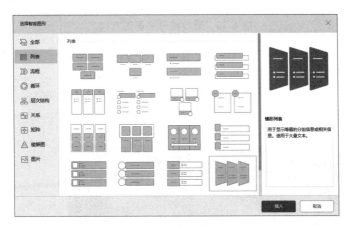

图 6-23　选择智能图形

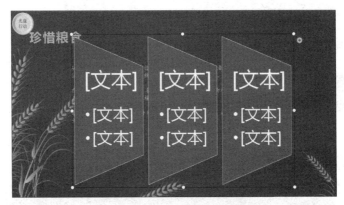

图 6-24　插入的梯形列表智能图

第 3 步：分别将三段文字剪切并粘贴到对应的梯形中，如图 6-25 所示。

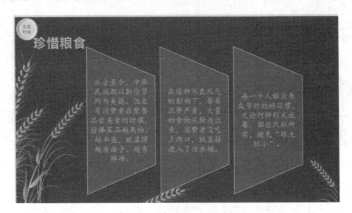

图 6-25　粘贴的文本内容

第4步：选中梯形列表图，单击"设计"选项卡下的"从右向左"按钮，如图6-26所示。

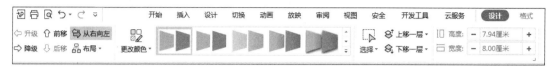

图 6-26　更改梯形列表图方向

第5步：单击"更改颜色"按钮，在下拉列表中选择"彩色——第4个色值"，其效果如图6-27所示。

第6步：选择"设计"选项卡，将"高度"设置为"8.00厘米"，"宽度"设置为"25.00厘米"，如图6-28所示。

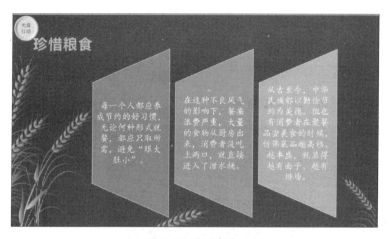

图 6-27　更改颜色

图 6-28　设置高度和宽度

第8张幻灯片最终的效果如图6-29所示。

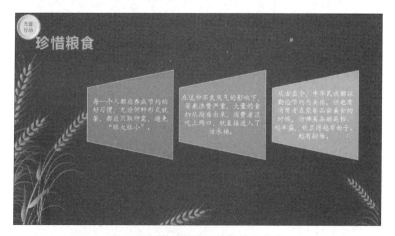

图 6-29　第8张幻灯片最终的效果

（4）按下列要求，对第10页幻灯片进行排版美化。

① 将文本框的"文字边距"设置为"宽边距"（上、下、左、右边距均为0.38厘米），

并将文本框的背景填充颜色设置透明度为40%。

第1步：单击第10张幻灯片。

第2步：选中文本框，右击，在弹出的快捷菜单中选择"设置对象格式"命令，在窗口右侧弹出"对象属性"窗格，在该窗格的"文本框"组中，将"文字边距"设置为"宽边距"（上、下、左、右边距均为0.38厘米），如图6-30所示。

第3步：单击"对象属性"窗格中的"文本选项"，背景填充颜色设置透明度为40%，如图6-31所示。

②为图片应用"柔滑边缘25磅"效果，将图片置于文本框下方，使其不遮挡文本。

第1步：单击第10张幻灯片中的图片，右击，在弹出的快捷菜单中选择"设置对象格式"命令，在"对象属性"窗格中选择"效果"选项，选择"柔化边缘"下的"25磅"，如图6-32所示。

图6-30 设置文字边距

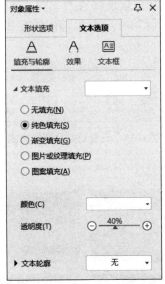

图6-31 设置"填充与轮廓"

图6-32 设置图片效果

第2步：选中图片，单击"图片工具"下的"下移一层"下拉按钮，将图片置于文本框的下方，如图6-33所示。

第10页幻灯片的效果如图6-34所示。

（5）为第4、6、8、10页幻灯片设置"平滑"切换方式，实现"居安思危"等标题文本从上一页平滑过渡到本页的效果，切换速度设置为3秒。除此以外的其他幻灯片，均设置为"随机"切换方式，切换速度设置为1.5秒。

第1步：同时选中第4、6、8、10页幻灯片，选择"切换"

图6-33 将图片下移一层

图 6-34 第 10 页幻灯片的效果

选项卡下的"平滑"切换方式,切换速度设置为 3 秒,如图 6-35 所示。

第 2 步:选中其他幻灯片(除第 4、6、8、10 页),均设置为"随机"切换方式,切换速度设置为 1.5 秒。

图 6-35 设置幻灯片切换方式

最终效果如图 6-36 所示。

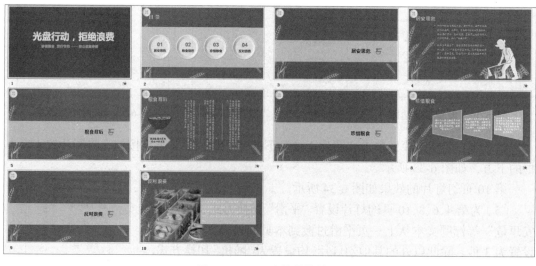

图 6-36 PPT 文档最终效果

任务 2　"最美云南演示文稿"制作实训

 实训目的

- 掌握 WPS 演示文稿的基本操作。
- 掌握 WPS 演示文稿中图片的插入及编辑。
- 掌握 WPS 演示文稿版式和设计模板的使用方法。

 实训内容

云南地处西南边陲，自然风光绚丽，有昆明的滇池、大理的古城和洱海、丽江的玉龙雪山、建水的双龙桥、红河的元阳梯田等美景。李明是一名大一新生，想用 WPS 演示文稿完成一份最美云南演示文稿，向同学和老师们介绍云南的各种美丽景色。

1. 创建演示文稿

第 1 步：双击桌面"WPS 演示"快捷图标启动 WPS 演示程序，单击左侧列表中的"新建"按钮，创建一个名为"演示文稿 1"的空白演示文稿，如图 6-37 所示。

图 6-37　新建空白演示

第 2 步：单击快速工具栏中的"保存"按钮，弹出"另存为"对话框，选择保存的位置，输入文件名为"最美云南"，文件类型为"pptx"。

第 3 步：单击"单击此处添加标题"文本，输入"最美云南"，如图 6-38 所示。

2. 演示文稿的编辑

第 1 步：新建第 2 张幻灯片，单击"开始"选项卡下的"版式"按钮，在菜单中选择

"标题和内容"版式,即可插入一张新幻灯片。

图 6-38　第 1 张幻灯片

第 2 步:在标题占位符中单击即可输入文字"目录"等内容,在内容占位符中依次输入"01　云南简介""02　昆明滇池""03　大理洱海""04　丽江玉龙雪山""05　建水双龙桥""06　元阳梯田",如图 6-39 所示。

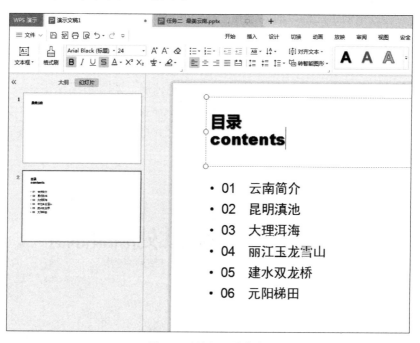

图 6-39　输入目录内容

第 3 步:新建第 3 张幻灯片,单击"开始"选项卡下的"新建幻灯片"下拉按钮,在"版式"里选择"两栏内容",如图 6-40 所示。

第 4 步:单击标题占位符,输入"云南简介",单击正文处输入正文内容,如图 6-41 所示。

第 5 步:为了使图文内容搭配,要在右侧的文本框中插入相关的图片,在占位符中单击"插入图片"图标按钮,弹出"插入图片"对话框,如图 6-42 所示。

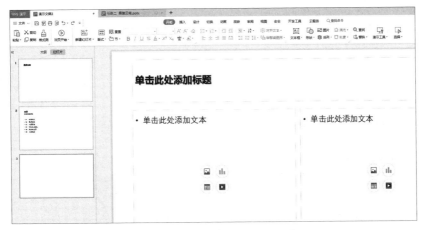

图 6-40　新建"两栏内容"版式幻灯片

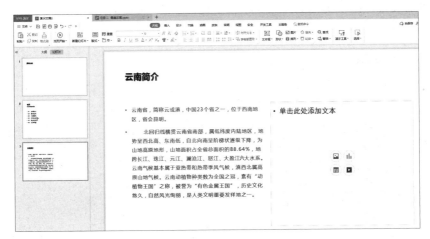

图 6-41　在文本占位符中输入文字

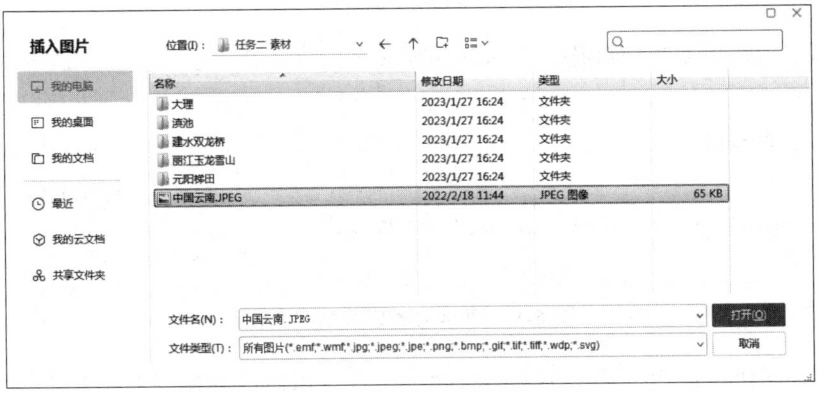

图 6-42　"插入图片"对话框

　　第 6 步：在该对话框中找到"素材库 \ 项目 6\ 素材 \ 任务 2"文件夹中的"中国云南 .jpeg"文件，选中图片，单击"打开"按钮，即可插入图片，如图 6-43 所示。

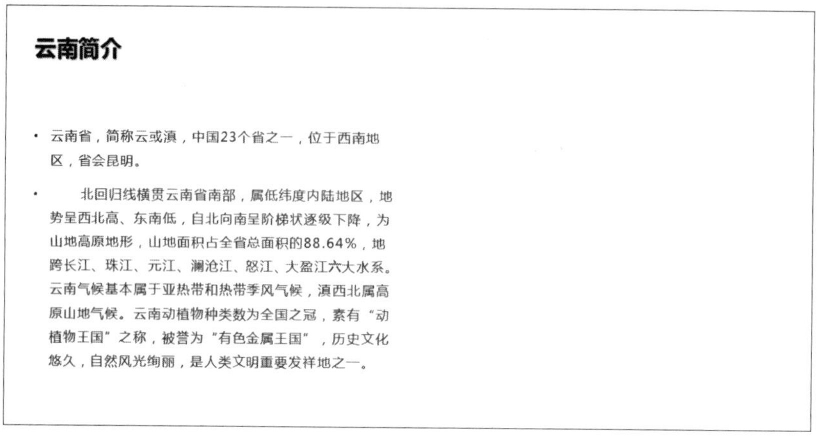

云南简介
云南省，简称云或滇，中国23个省之一，位于西南地区，省会昆明。
北回归线横贯云南省南部，属低纬度内陆地区，地势呈西北高、东南低，自北向南呈阶梯状逐级下降，为山地高原地形，山地面积占全省总面积的88.64%，地跨长江、珠江、元江、澜沧江、怒江、大盈江六大水系。云南气候基本属于亚热带和热带季风气候，滇西北属高原山地气候。云南动植物种类数为全国之冠，素有“动植物王国”之称，被誉为“有色金属王国”，历史文化悠久，自然风光绚丽，是人类文明重要发祥地之一。

图 6-43　插入“中国云南”图片

第 7 步：通过控制块调整图片的大小和位置，如图 6-44 所示。

云南简介
云南省，简称云或滇，中国23个省之一，位于西南地区，省会昆明。
北回归线横贯云南省南部，属低纬度内陆地区，地势呈西北高、东南低，自北向南呈阶梯状逐级下降，为山地高原地形，山地面积占全省总面积的88.64%，地跨长江、珠江、元江、澜沧江、怒江、大盈江六大水系。云南气候基本属于亚热带和热带季风气候，滇西北属高原山地气候。云南动植物种类数为全国之冠，素有“动植物王国”之称，被誉为“有色金属王国”，历史文化悠久，自然风光绚丽，是人类文明重要发祥地之一。

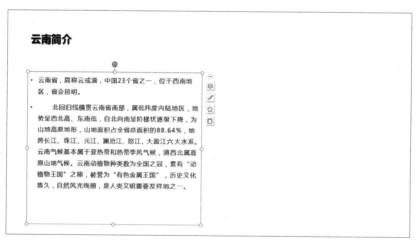

图 6-44　调整图片大小和位置

第 8 步：新建第 4 张幻灯片，输入标题和文字内容，并调整位置，如图 6-45 所示。

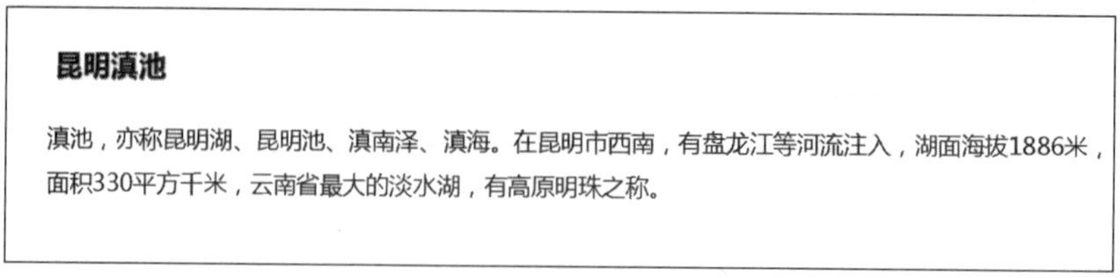

昆明滇池
滇池，亦称昆明湖、昆明池、滇南泽、滇海。在昆明市西南，有盘龙江等河流注入，湖面海拔1886米，面积330平方千米，云南省最大的淡水湖，有高原明珠之称。

图 6-45　第 4 张幻灯片文字内容

第 9 步：单击“插入”选项卡下的“图片”下拉按钮，选择“本地图片”命令，弹出“插入图片”对话框，在该对话框中找到“素材库\项目 6\素材\任务 2”文件夹中的“滇池”文件，如图 6-46 所示。

第 10 步：选中 4 张图片，单击“打开”按钮，即可在幻灯片中同时插入 4 张图，如图 6-47 所示。

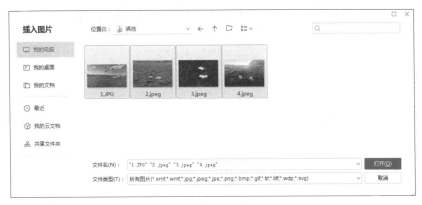

图 6-46　滇池图片（1）

图 6-47　滇池图片（2）

第 11 步：调整插入图片的位置和大小，其效果如图 6-48 所示。

图 6-48　昆明滇池页

第 12 步：右击第 4 张幻灯片，在弹出的快捷菜单中选择"复制幻灯片"命令，如图 6-49 所示，通过复制新建第 5 张幻灯片。

第13步：将第5张幻灯片中的标题内容分别改为大理洱海对应的内容，如图6-50所示。

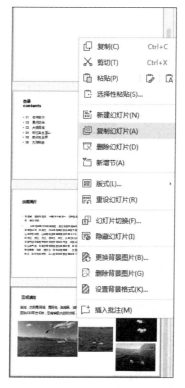

图 6-49 复制幻灯片

图 6-50 大理洱海文字内容

第14步：选中该页幻灯片中的第1张图片，右击，如图6-51所示，在弹出的快捷菜单中选择"更改图片"命令，弹出"更改图片"对话框。

图 6-51 更改图片

第15步：在该对话框中找到"素材库\项目6\素材\任务2"文件夹下的"大理"文件夹，选择"1.jpg"图片，单击"打开"按钮。

第16步：分别替换其余两张图片，并将幻灯片中多余的一张图片删除，调整图片的位置和大小，其效果如图6-52所示。

图 6-52　大理洱海页

第 17 步：单击窗口左侧"大纲幻灯片"浏览窗格中"幻灯片"选项卡的第 5 张幻灯片，右击，在弹出的快捷菜单中选择"复制幻灯片"命令，在第 5 张幻灯片下方插入一张与第 5 张幻灯片一模一样的幻灯片 6，输入标题"大理古城"，输入正文内容，将图片替换为大理古城的图片，如图 6-53 所示。

图 6-53　大理古城页

第 18 步：复制第 6 张幻灯片，输入标题"丽江玉龙雪山"，输入正文内容，将图片替换为玉龙雪山的图片，单击"图片工具"选项卡中的"裁剪"按钮，将两张图片分别按六边形、椭圆形裁剪，如图 6-54 所示。

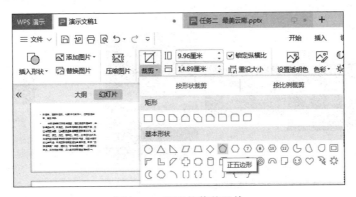

图 6-54　按形状裁剪图片

第19步：移动图片位置，调整大小，如图6-55所示。

图6-55 丽江玉龙雪山页

第20步：新建一张幻灯片，输入标题内容"建水双龙桥"，输入正文，插入建水双龙桥的两张图片，如图6-56所示。

图6-56 建水双龙桥页

第21步：利用相同的方法制作"元阳梯田"页的幻灯片，效果如图6-57所示。
第22步：在第9张幻灯片下新建一张幻灯片。
第23步：输入文字内容，如图6-58所示。

图6-57 元阳梯田页　　　　　　　　　　　图6-58 输入文字

3. 美化演示文稿

第 1 步：单击"设计"选项卡，在功能区中单击"导入模板"按钮，如图 6-59 所示，打开"应用设计模板"对话框，如图 6-60 所示，找到并选中"素材库\项目 6\ 素材\任务 2"文件夹中的"模板.pot"，单击"打开"按钮，将该模板应用到文稿中，如图 6-61 所示。

图 6-59　"应用设计模板"下的导入模板

图 6-60　"应用设计模板"对话框

第 2 步：单击第 1 张幻灯片，选中"最美云南"文本，单击"文本工具"选项卡下的"文本样式"下拉按钮，选择"填充 - 黑色，文本 1，阴影"样式。单击"文本工具"选项卡下的"文本效果"按钮，在菜单框中单击"发光"按钮，如图 6-62 所示，选择"橙色，18pt 发光，着色 1"发光效果，如图 6-63 所示。

图 6-61　应用模板后的效果

图 6-62　设置文本效果

第 3 步：单击第 10 张幻灯片，选中"谢谢！"文本，选择"填充 – 橙色，着色 1，阴影"预设样式，选中"云南人民欢迎您！"文本，单击"文本工具"选项卡下的"文本填充"下拉按钮，选择"红色"。单击"文本效果"按钮，在菜单框中单击"发光"按钮，选择"中兰花紫，18pt 发光，着色 5"发光效果，如图 6-64 所示。

图 6-63 "最美云南"效果图　　　　　　　　图 6-64 "云南人民欢迎您"效果图

第 4 步：单击"视图"选项卡下的"幻灯片浏览"按钮，切换到"幻灯片浏览"视图，查看一下整个文稿的效果，有不满意的地方再进行细节调整，"最美云南"演示文稿完成制作，如图 6-65 所示。

第 5 步：单击快捷菜单中的"保存"按钮，保存演示文稿。

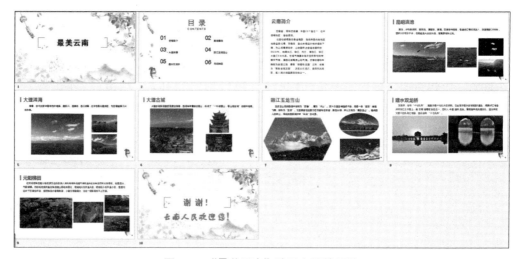

图 6-65 "最美云南"演示文稿效果图

任务 3 "最美云南演示文稿"优化实训

实训目的

- 掌握 WPS 演示文稿中插入音频、视频及编辑的方法。

- 掌握 WPS 演示文稿设置放映效果的方法。
- 掌握 WPS 演示文稿中切换幻灯片的方式。
- 掌握 WPS 演示文稿中选用对象动画的方法。

 实训内容

　　为了让同学和老师们更好地了解云南，李明想在之前做的"最美云南"演示文稿基础上再加入一些景点，让他们更好地感受到彩云之美，演示文稿放映时更加生动有趣，PPT 中设置超链接、插入背景音乐、视频元素、动画效果、幻灯片之间的切换，在欣赏美景时幻灯片能自动播放。效果如图 6-66 所示。

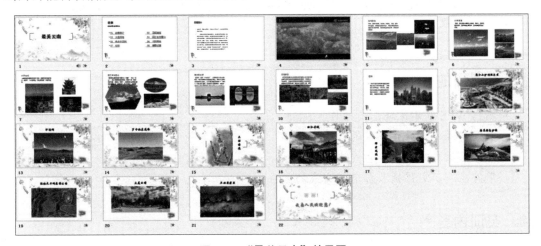

图 6-66　"最美云南"效果图

　　本实训操作步骤请扫描二维码。

最美云南演示文稿优化实训

项目 7

WPS 综合应用实训

项目 7 素材

任务 1　制作"中国航天科普"演示文稿

实训目的

- 熟悉 WPS 演示文稿基本操作。
- 掌握演示文稿设置版式的方法。
- 掌握插入与编辑图片的方法。
- 掌握在演示文稿插入自定义曲线的方法。

实训内容

发展航天事业，建设航天强国，是中国人不懈追求的航天梦，是实现中华民族伟大复兴的必要途径，"两弹一星"精神、载人航天精神，激发了我国航天事业的发展，折射出我国航天人的凝聚力，回顾过去，我国航天事业的发展突飞猛进，放眼未来，我国成为"航天强国"指日可待！

经过了前面章节的学习，同学们已经完成了演示文稿基本的操作方式，通过本次课程的学习，我们将进行"中国航天科普"演示文稿的完成，助推中国航天梦的实现。本次实训制作的"中国航天科普"演示文稿效果如图 7-1 所示。

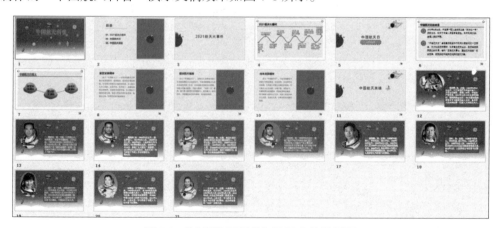

图 7-1　"中国航天科普"演示文稿效果图

1. 新建空白文档

双击桌面"WPS 演示"快捷图标启动 WPS 演示程序,单击左侧列表中的"新建"按钮,创建一个名为"中国航天科普"的演示文稿。

2. 导入素材

双击打开新建的"中国航天科普 .pptx"文件,在封皮 PPT 页右击,在弹出的菜单中选中"设置背景格式"菜单,在右侧弹出的菜单栏中选中"图片或纹理填充"选项,在"图片填充"选项中选中"本地文件"选项,将"素材库 \ 项目 7\ 素材 \ 任务 1\ 背景图片 .png"找到封皮背景素材并进行导入,如图 7-2 所示。

图 7-2　导入背景

3. 编辑标题字体

第 1 步:插入标题,单击"插入"选项卡下的"文本框"下拉按钮,选择"横向文本框"菜单,在封皮页中间放置文本框,并在其中输入"中国航天科普"如图 7-3 所示。

第 2 步:设置艺术字,选中第 1 步中插入的文本框,在弹出的"文本工具"菜单中单击"文本效果"按钮,选择"倒影"效果,如图 7-4 所示,完成演示文稿的封皮设计如图 7-5 所示。

图 7-3　选择"文本框"

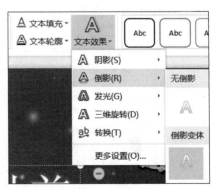

图 7-4　选择"倒影"效果

图 7-5　封皮效果图

4. 制作目录

演示文稿主要用于快速告知他人演示内容，因此在正式内容开始之前制作目录是必不可少的。

单击"插入"菜单下的"新建幻灯片"按钮，插入新幻灯片，并选择相应的版式，如图 7-6 所示，本次演示文稿分为三个一级目录，分别为"01. 2021 航天大事件""02. 中国航天日""03. 中国航天英雄"如图 7-7 所示。

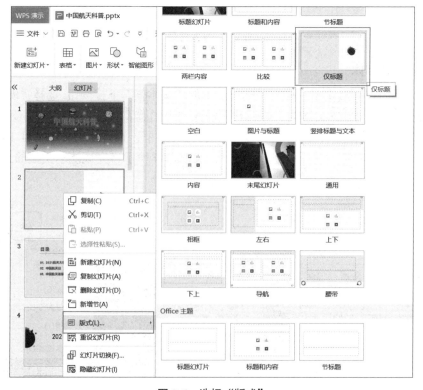

图 7-6　选择"版式"

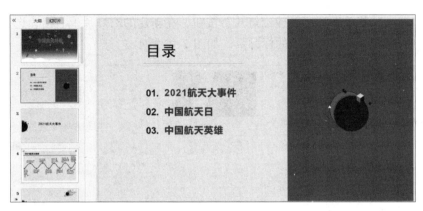

图 7-7　编辑目录

5. 制作"2021 航天大事件"演示文稿

根据主题设置第一节内容为"2021 航天大事件",接下来制作本节的演示文稿。

1)选择版式

单击"插入"菜单下的"新建幻灯片"按钮,在新建的幻灯片上右击,选择"版式"命令,在模板弹出的页面中选择模板中的标题页,如图 7-8 所示,在标题位置输入"2021 航天大事件"文本,如图 7-9 所示。

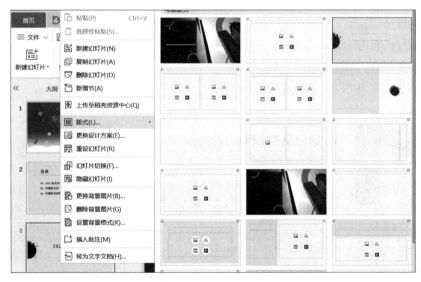

图 7-8　选择"版式"(1)

图 7-9　第一部分显示效果

单击"插入"菜单下的"新建幻灯片"按钮，在新建的幻灯片上右击，选择"版式"，在模板弹出的页面中选择模板中的标题页，如图 7-10 所示。

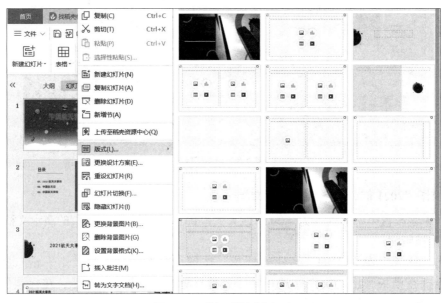

图 7-10　选择"版式"（2）

2）制作时间曲线

在选择的页面中输入小节标题，单击"插入"菜单下的"形状"按钮，在"线条"组中选择"曲线"，在页面内部插入时间曲线，"2021 航天大事件"有 10 个时间节点，因此绘制曲线时应设置 10 个顶点，如图 7-11 所示。

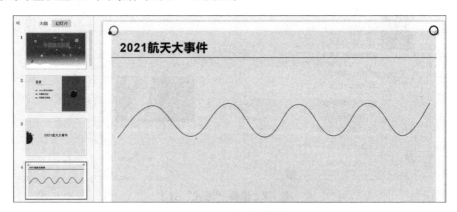

图 7-11　设置时间节点

如果绘制的曲线不理想，可以通过在曲线上右击选择"编辑顶点"，曲线会显示各顶点，如图 7-12 所示，可以通过拖曳对顶点位置进行调整。

单击"插入"菜单下的"形状"按钮，在"基本形状"组中选择"椭圆"并将其覆盖在曲线节点上，如图 7-13 所示。

双击椭圆形状，在右侧弹出的对话框的"填充"组中选择"纯色填充"选项，此处将填充"颜色"选择为"白色"，如图 7-14 所示，其他时间节点的标注以此类推。

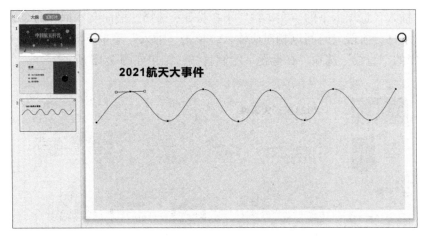

图 7-12　调整时间曲线

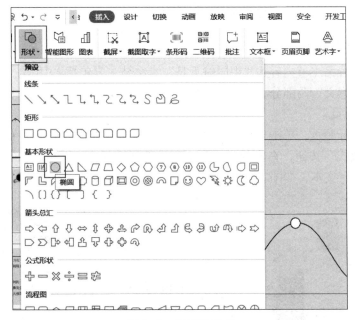

图 7-13　标记时间点

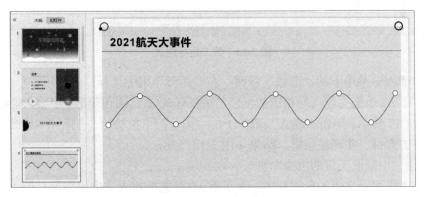

图 7-14　编辑时间节点

单击"插入"选项卡下的"文本框"下拉按钮,选择"横向文本框"命令,将 2021 年中国航天大事件分阶段与时间点相对应输入,单击"插入"菜单下的"形状"按钮,选择"线条"组中的"直线"选项,在标题下绘制直线,结果如图 7-15 所示。

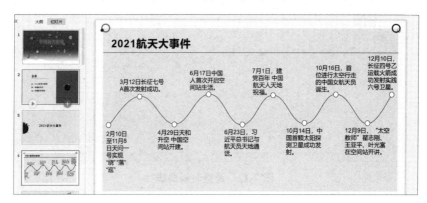

图 7-15　为时间节点添加文本信息

6. 制作"中国航天日"演示文稿

根据主题设置第二节内容为"中国航天日",本小结主要包括"中国航天日的由来""中国航天日设立的意义"两部分,接下来制作本节的演示文稿。

1)编辑标题页

创建第二节标题页,单击"插入"菜单下的"新建幻灯片"按钮,在新建的幻灯片上右击,选择"版式"按钮,在模板弹出的页面中选择模板中的"标题页",在标题位置输入"中国航天日"文本,如图 7-16 所示。

图 7-16　第二题标题页

单击"插入"菜单下的"形状"按钮,在"矩形"组中选择"圆角矩形"选项,放置在标题汉字下方,根据主题选择相应的配色与边框样式,在"圆角矩形"中输入"4 月 24 日"文本,如图 7-17 所示;单击"插入"菜单下的"图片"下拉按钮,选择"本地图片"命令,导入准备好的素材,并调整位置,结果如图 7-18 所示。

2)制作"中国航天日的由来"页

按照第 4 张演示文稿的形式新建一张页面,在标题处输入"中国航天日的由来"文本,如图 7-19 所示。

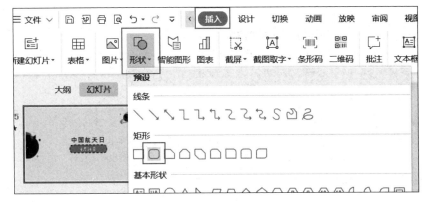

图 7-17　选择形状

图 7-18　美化后效果

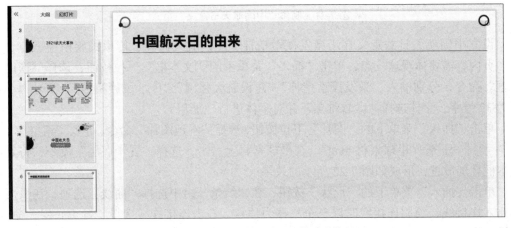

图 7-19　制作"中国航天日的由来"页

在当前页面中单击"插入"菜单下的"形状"按钮,在"基本形状"组中选择"椭圆"选项,放置在页面左侧,并在其中输入"1""2"的序号;单击"插入"菜单下的"文本框"下拉按钮,选择"横向文本框"命令,对应需要的位置输入相应的内容即可,如图 7-20 所示。

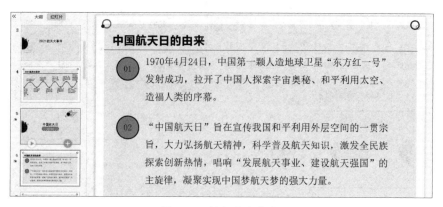

图 7-20　输入文字内容

3）制作"中国航天日意义"页

按照第 4 张演示文稿的形式新建一张页面，在标题处输入"中国航天日意义"，如图 7-21 所示。

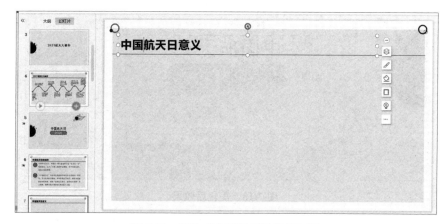

图 7-21　制作"中国航天日意义"页

设立中国航天日的意义在于激发探索精神、建设航天强国、传承民族精神三点，因此本页内容需要体现这三点，单击"插入"菜单下的"文本框"下拉按钮，选择"横向文本框"命令，分别输入"激发探索精神""建设航天强国""传承民族精神"，字号大小设置为 32 号字，字体选择"微软雅黑"并对字体进行"加粗"。

单击"插入"菜单下的"图片"下拉按钮，选择"本地图片"命令，导入"素材库 \ 项目 7\ 素材 \ 任务 1\ 星球素材 .png"。在星球素材上右击，选择"置于底层"命令，将其与文本框叠加放置，形成如图 7-22 所示的效果。

单击"插入"菜单下的"形状"按钮，在"线条"组中选择"曲线"选项，在页面内部插入连接线，绘制连接线时以三个星球为顶点，右击连接线，选择"置于底层"命令，效果如图 7-23 所示。

4）三大意义内容编辑

利用前面介绍的方法新建一个页面，并在页面中输入关于"激发探索精神"含义，如图 7-24 所示，其他两个页面也是用同样的方法制作，此处不再赘述。

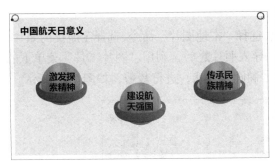

图 7-22　美化页面

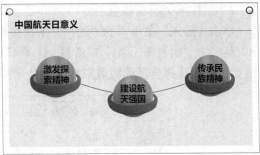

图 7-23　加入连接线效果图

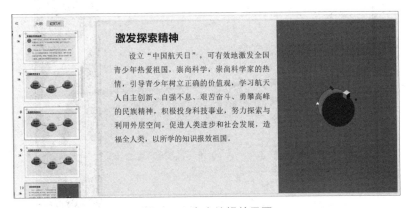

图 7-24　内容编辑效果图

7. 制作"中国航天英雄"演示文稿

根据主题设置第三节内容为"中国航天英雄",本小节主要包括我国 10 位航天员简介。

1)创建第三节标题页

按照之前小节标题页的创建方式,在模板弹出的页面中选择模板中的"标题页",在标题位置输入"中国航天英雄"文本,如图 7-25 所示。

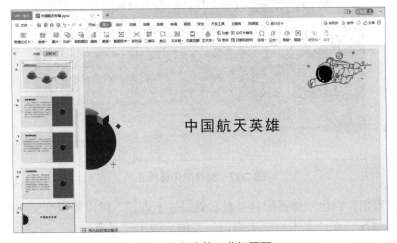

图 7-25　创建第三节标题页

2）制作航天员头像页

单击"插入"菜单下的"图片"下拉按钮，选择"本地图片"命令，选择宇航员的照片，导入路径为"素材库\项目 7\素材\任务 1"，导入照片之后，利用"图片工具"菜单下的"裁剪"按钮选择合适的裁剪形状，此处选择"椭圆"形状，进行裁剪，如图 7-26 所示。

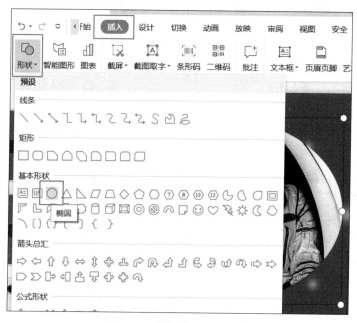

图 7-26　制作航天员头像页

根据之前的文本框操作在页面中插入相应的横向文本框，将宇航员对应的简介输入文本框中，并调整文本框的属性，此处文本字体选择"华光中圆"、字号设置为 28 号并进行加粗，字体颜色选择白色，如图 7-27 所示。

图 7-27　制作航天员简介

由图可以看出，白色字体搭配背景显示效果并不理想，可以使用给文本框增加背景的方式改善这一情况，在"文本框"上双击，右侧会弹出"对象属性"对话框，在"填充"组中选择"纯色填充"选项，并选择合适的颜色即可完成填充，如图 7-28 所示。

图 7-28　美化航天员简介

重复第 2~4 步将其他航天员的照片与信息放置在新的页面中。

 任务 2　中国世界遗产名录编辑

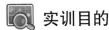 **实训目的**

- 熟悉 WPS 文档的基本操作。
- 掌握在文档切换视图的方法。
- 掌握文档插入目录的方法。
- 掌握文档插入引用的方法。
- 掌握在文档中插入图片的方法。

 实训内容

中华民族文化历史悠久，博大精深，中华民族的文化遗产蕴含着民族特有的智慧结晶与精神价值，自然遗产记载了我国特有的自然环境变迁，同时也是地球演化历史中重要阶段的突出例证。我国的文化、自然遗产是中国乃至世界的瑰宝。中华民族文化、自然遗产从多方面体现了中华民族与自然环境相互关系的发展历程，体现了中华民族的生命力，了解并保护我国文化、自然遗产，对现代社会发展有着非常重要的作用。

经过了前面章节的学习，同学们已经完成了文档编辑与处理的基本操作方式，通过本次课程的学习，将引导大家利用文档编辑技术制作中国世界遗产名录，本次实训制作的"中国世界遗产名录"文档效果如图 7-29 所示。

1. 制作"中国世界遗产名录"目录

我国 1985 年加入《保护世界文化和自然遗产公约》，自加入公约以来，我国投入了大量人力物力保护各类文化、自然遗产，截止本书编写完成之前，我国已成功申报的世界遗产 56 项，其中，文化遗产 38 项、自然遗产 14 项、自然与文化双遗产 4 项；人类非物质文化遗产 42 项。本次任务以我国成功申报的世界遗产名录为基础制作目录。

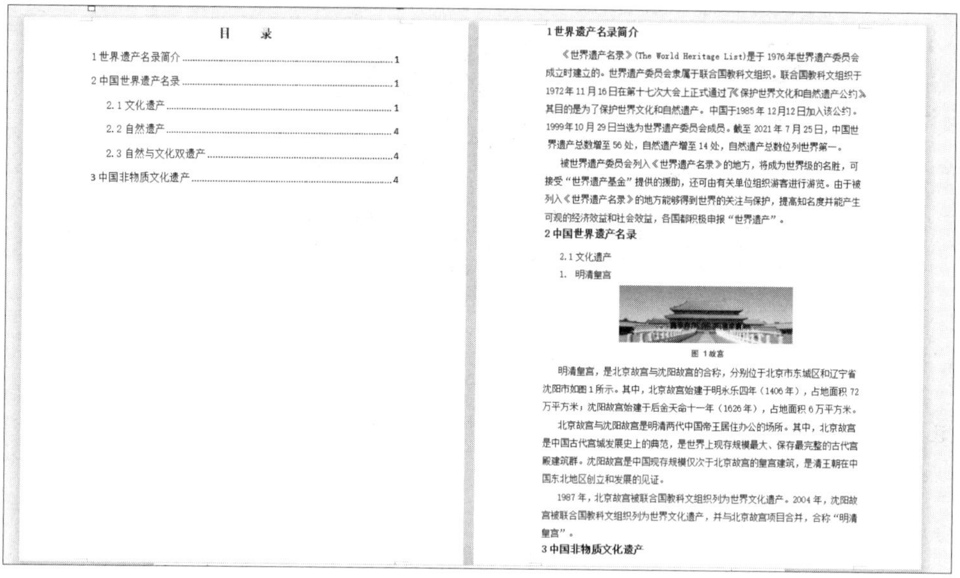
目　录

1 世界遗产名录简介 1
2 中国世界遗产名录 1
2.1 文化遗产 1
2.2 自然遗产 4
2.3 自然与文化双遗产 4
3 中国非物质文化遗产 4

1 世界遗产名录简介

《世界遗产名录》(The World Heritage List)是于 1976 年世界遗产委员会成立时建立的。世界遗产委员会隶属于联合国教科文组织。联合国教科文组织于 1972 年 11 月 16 日在第十七次大会上正式通过了《保护世界文化和自然遗产公约》其目的是为了保护世界文化和自然遗产。中国于1985 年 12月12 日加入该公约。1999年10 月 29 日当选为世界遗产委员会成员。截至 2021 年 7 月 25 日，中国世界遗产总数增至 56 处，自然遗产增至 14 处，自然遗产总数位列世界第一。

被世界遗产委员会列入《世界遗产名录》的地方，将成为世界级的名胜，可接受“世界遗产基金”提供的援助，还可由有关单位组织游客进行游览。由于被列入《世界遗产名录》的地方能够得到世界的关注与保护，提高知名度并能产生可观的经济效益和社会效益，各国都积极申报“世界遗产”。

2 中国世界遗产名录

2.1 文化遗产

1. 明清皇宫

图 1 故宫

明清皇宫，是北京故宫与沈阳故宫的合称，分别位于北京市东城区和辽宁省沈阳市如图 1 所示。其中，北京故宫始建于明永乐四年（1406 年），占地面积 72 万平方米；沈阳故宫始建于后金天命十一年（1626 年），占地面积 6 万平方米。

北京故宫与沈阳故宫是明清两代中国帝王居住办公的场所。其中，北京故宫是中国古代宫城发展史上的典范，是世界上现存规模最大、保存最完整的古代宫殿建筑群。沈阳故宫是中国现存规模仅次于北京故宫的皇宫建筑，是清王朝在中国东北地区创立和发展的见证。

1987 年，北京故宫被联合国教科文组织列为世界文化遗产。2004 年，沈阳故宫被联合国教科文组织列为世界文化遗产，并与北京故宫项目合并，合称“明清皇宫”。

3 中国非物质文化遗产

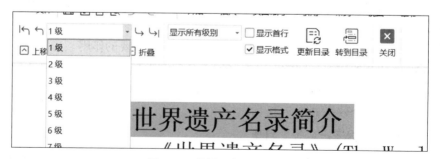

图 7-29 “中国世界遗产名录”文档效果图

1）目录文字编辑

文档 1 级目录为“1 世界遗产名录简介”“2 中国世界遗产名录”“3 中国非物质文化遗产”“4 参考文献”，其中“1 中国世界遗产名录”中包含 2 级目录“2.1 文化遗产”“2.2 自然遗产”“2.3 自然与文化双遗产”。

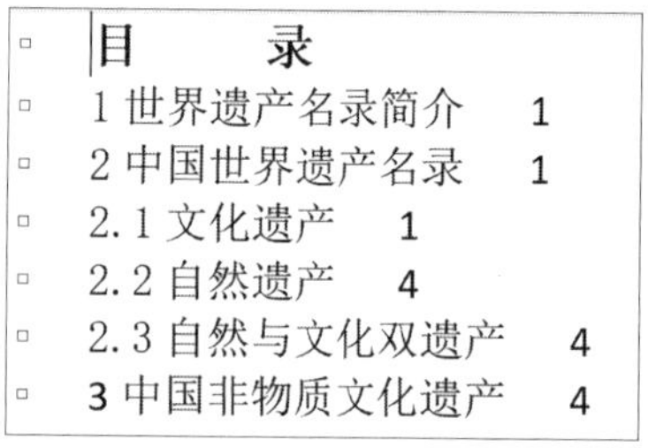

图 7-30 切换大纲视图

利用项目 6 中介绍的方式创建文档，并将其命名为“中国世界遗产名录”。打开创建完成的“中国世界遗产名录”文档，分别输入目录的文字内容以及目录序号。

2）设置目录级别

单击软件右下方状态栏中的≡按钮，切换到大纲视图，如图 7-30 所示。

选中“1 世界遗产名录简介”“2 中国世界遗产名录”“3 中国非物质文化遗产”“4 参考文献”之后，单击菜单栏中的“正文文本”下拉菜单，选择“1 级”，如图 7-31 所示。

图 7-31 设置 1 级目录级别

选中“2.1 文化遗产”“2.2 自然遗产”“2.3 自然与文化双遗产”，单击菜单栏中的“正文文本”下拉列表，选择“2 级”，如图 7-32 所示。

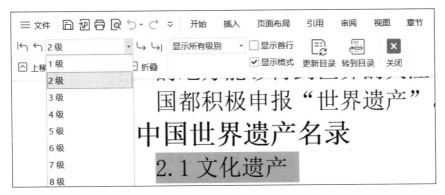

图 7-32　设置 2 级目录级别

单击软件右下方状态栏中的 ▤ 按钮，切换到"页面视图"，大纲视图下的目录级别调整不会影响"页面视图"下的显示效果。

3）生成目录

在"页面视图"下单击"引用"菜单下的"目录"按钮，从弹出的"智能目录"对话框中选择要生成的目录种类，如图 7-33 所示，由于本次文档有两级目录，因此选择第二种智能目录，生成之后的效果如图 7-34 所示。

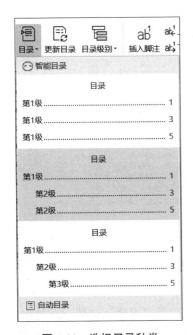

图 7-33　选择目录种类

目　　录	
1 世界遗产名录简介	1
2 中国世界遗产名录	1
2.1 文化遗产	1
2.2 自然遗产	4
2.3 自然与文化双遗产	4
3 中国非物质文化遗产	4

图 7-34　生成目录效果

在"页面视图"下单击"引用"菜单下的"目录"下拉按钮，从弹出的"智能目录"对话框中选择"自定义目录"命令，在弹出的"目录"对话框中，"显示级别"选择为"2"，"制表符前导符"选择默认即可，如图 7-35 所示，若有特殊要求可以按照要求选择，选择完成之后单击"确定"按钮。

> **提示：** 自定义目录生成之后需要手动输入"目录"两个字。

在目录下方单击"插入"菜单下的"分页"按钮，使目录单独一页。全部选中目录内容，右击弹出菜单，选中"段落"选项，在弹出的段落对话框中设置行间距为 1.5 倍行距。

选中目录内容，在"开始"菜单下将字体设置为"宋体"，字号为"四号"，将"目录"文字与 1 级标题的文字内容设置加粗效果，效果如图 7-36 所示。

图 7-35　设置目录制表符

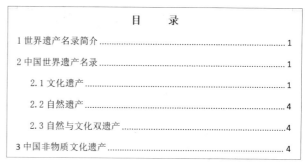

图 7-36　目录效果图

2. 完成"世界遗产名录简介"编辑

1）输入文字

切换到"大纲视图"下，选中"1 世界遗产名录简介"，设置其字体为"宋体"，字号为"四号"，加粗，如图 7-37 所示。

> **1 世界遗产名录简介**
> □　《世界遗产名录》（The World Heritage List）是于 1976 年世界遗产委员会成立时建立的。世界遗产委员会隶属于联合国教科文组织。联合国教科文组织于 1972 年 11 月 16 日在第十七次大会上正式通过了《保护世界文化和自然遗产公约》。其目的是为了保护世界文化和自然遗产。中国于 1985 年 12 月 12 日加入该公约，1999 年 10 月 29 日当选为世界遗产委员会成员。截至 2021 年 7 月 25 日，中国世界遗产总数增至 56 处，自然遗产增至 14 处，自然遗产总数位列世界第一。
> □　被世界遗产委员会列入《世界遗产名录》的地方，将成为世界级的名胜，可接受"世界遗产基金"提供的援助，还可由有关单位组织游客进行游览。由于被列入《世界遗产名录》的地能够得到世界的关注与保护，提高知名度并能产生可观的经济效益和社会效益，各国都积极申报"世界遗产"。

图 7-37　效果图

在"1 世界遗产名录简介"1 级目录下输入相关内容，并切换到"大纲视图"检查输入的内容是否为"正文文本"；若不是，需要调整为"正文文本"。

2）设置文字格式

在本节正文内容的任意位置右击，在弹出的右键菜单中选择"段落"选项，在弹出的段落对话框中，设置"首行缩进""2"个字符，"段前""段后"行间距为"1"行，"行距"为"1.5 倍行距"，单击"确定"按钮，如图 7-38 所示。

3. "中国文化遗产名录"图文混排

1）调整文字格式

按照任务 2 中第 1 步的方法设置本小节的标题格式。在"页面视图"下，选中所有 2 级标题，按下 Tab 键，完成 2 级标题的缩进；切换到"大纲视图"下，选中所有 2 级标题，设置其字体为"宋体"，字号为"小四号"。

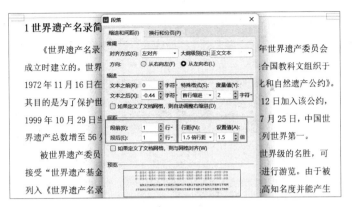

图 7-38 设置文字格式

2）设置编号

已列表编号的形式输入我国已有的 38 项文化遗产名称，单击"开始"菜单中的"段落"功能区的 ☰· 图标按钮，选择相应的编号类型，如图 7-39 所示，在编号后面依次输入我国文化遗产的名称。

编号之后的遗产名录需要设置左缩进，选中所有已经编号的遗产名录，拖曳标尺上方的三角符号，将其调整至刻度"2"处，使所有遗产名录与 2 级标题缩进一致，如图 7-40 所示。

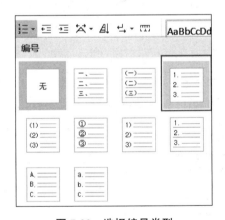

图 7-39 选择编号类型

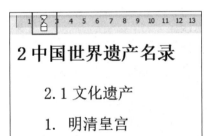

图 7-40 调整缩进

将"文化遗产"对应的文字简介键入相应的内容下方，如图 7-41 所示。

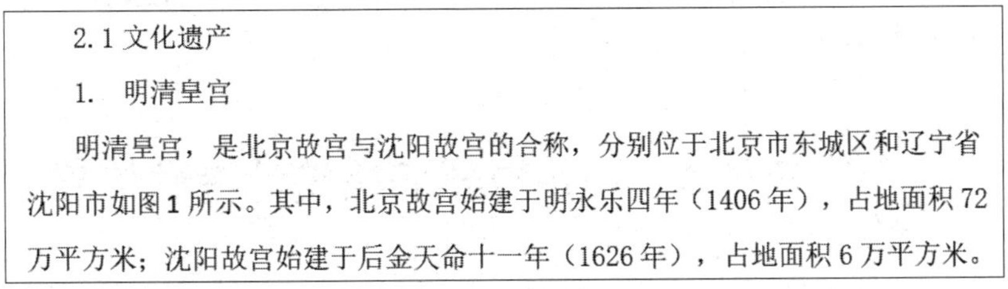

> 2.1 文化遗产
>
> 1. 明清皇宫
>
>   明清皇宫，是北京故宫与沈阳故宫的合称，分别位于北京市东城区和辽宁省沈阳市如图 **1** 所示。其中，北京故宫始建于明永乐四年（1406 年），占地面积 72 万平方米；沈阳故宫始建于后金天命十一年（1626 年），占地面积 6 万平方米。

图 7-41 文化遗产简介

3）插入图片并加入题注

单击"插入"菜单中的"图片"下拉按钮，选择"本地图片"命令，导入"素材库\项目 7\ 素材 \ 任务 2\ 故宫 .png"，将图片放置在适当的位置，如图 7-42 所示。

图 7-42　插入故宫图片

在图片上右击，在弹出的菜单中选中"题注"选项，在弹出的"题注"对话框的"标签"部分选择"图"，在"题注"输入图片的内容，"位置"选择"所选项目下方"，如图 7-43 所示，单击"确定"按钮即可完成题注的编辑。

完成图片题注的插入之后需要在正文中进行"交叉引用"操作。选正文中需要"交叉引用"的文字，单击"插入"菜单下的"交叉引用"按钮，在弹出的"交叉引用"对话框中"引用类型"选择"图"，"引用哪一个题注"选择刚才新建的图片题注，单击"插入"按钮完成交叉引用，如图 7-44 所示，完成"交叉引用"之后的文字可能会改变样式，我们需要实时调整文字的样式，完成题注与正文的"交叉引用"之后，在正文中按住 Ctrl 键单击即可直接跳转到对应的图片。

图 7-43　设置题注参数

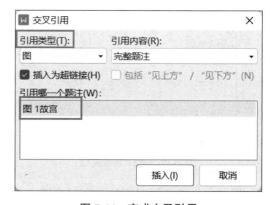

图 7-44　完成交叉引用

任务 3　利用电子表格统计考勤信息

实训目的

- 熟悉 WPS 表格的基本操作。

- 掌握编辑表格内容的方法。
- 掌握单元格使用函数的方法。
- 掌握筛选单元格内容的方法。

 实训内容

经过前面内容的学习同学们已经了解了如何使用 Excel 表格进行基本数据处理，通过本次实训课程的学习，同学们将学习到如何通过电子表格完成考勤信息数据的整理与统计。员工考勤数据处理是公司在管理过程中必不可少的，考勤数据是公司人事管理中较为关键的依据，正确地分析考勤数据有利于为公司下一步人事管理提供有力的支撑。

本次实训共分为两个小任务，分别为拆分打卡时间、统计有效打卡次数，接下来我们开始逐一完成各项任务，为公司管理提供数据分析的支撑，本次实训制作的考勤统计表格效果如图 7-45 所示。

	A	B	C	D	E	F
1	员工姓名	员工部门	打卡日期	打卡时间		
2	孙佳琪	总务科	2022-2-15	8:14:18	0:34:48	16:02:55
3	任霞	审计科	2022-2-15	8:42:22	3:48:57	17:01:44
4	薛添池	理化实验室	2022-2-15	8:21:12	1:08:20	17:32:06
5	江淑君	市场拓展科	2022-2-15	8:57:57	17:00:00	
6	邱文杰	党委办公室	2022-2-15	8:43:01	9:53:28	14:40:45
7	秦榕汕	地域办事处	2022-2-15	8:08:47	0:55:04	
8	丁贺祥	车辆管理科	2022-2-15	8:45:45	0:44:32	15:41:48
9	赵静	督察工作室	2022-2-15	8:35:48	1:47:55	17:25:44
10	白秀英	设备动力科	2022-2-15	8:14:55	3:55:47	12:20:58
11	韩一鸣	信息网络中心	2022-2-15	8:58:02	9:41:25	12:28:52

图 7-45　考勤统计表格效果图

员工考勤数据如图 7-46 所示，通过观察考勤数据文件可知，文件中的"打卡时间"字段包含了多个时间点，其中包含某名员工每次打卡的信息，这些时间点通过空格隔开，处理员工考勤信息需要先处理这些时间，因此需要将不同的时间点分配至独立的列中，下面通过操作来拆分时间点。

A	B	C	D
员工姓名	员工部门	打卡日期	打卡时间
孙佳琪	总务科	2022-2-15	08:14:18 00:34:48 16:02:55
任霞	审计科	2022-2-15	08:42:22 03:48:57 17:01:44
薛添池	理化实验室	2022-2-15	08:21:12 01:08:20 17:32:06
江淑君	市场拓展科	2022-2-15	08:57:57　　17:00:00
邱文杰	党委办公室	2022-2-15	08:43:01 09:53:28 14:40:45
秦榕汕	地域办事处	2022-2-15	08:08:47 00:55:04
丁贺祥	车辆管理科	2022-2-15	08:45:45 00:44:32 15:41:48
赵静	督察工作室	2022-2-15	08:35:48 01:47:55 17:25:44
白秀英	设备动力科	2022-2-15	08:14:55 03:55:47 12:20:58
韩一鸣	信息网络中心	2022-2-15	08:58:02 09:41:25 12:28:52
徐东东	计量检测室	2022-2-15	08:42:31 07:00:03 17:39:42
谭珊	设备动力科	2022-2-15	08:22:30 03:50:56 12:27:14

图 7-46　员工考勤数据

1. 拆分打卡时间

选中"打卡时间"所在列，在菜单栏中找到"数据"→"分列"选项，在下拉菜单中选择"分列"选项，如图 7-47 所示。

图 7-47　选择分列功能

因为不同时间点之间使用空格进行隔开，所以在弹出的"文本分列导向 -3 步骤之 1"对话框中选择"分隔符号"选项，如图 7-48 所示，单击"下一步"按钮。

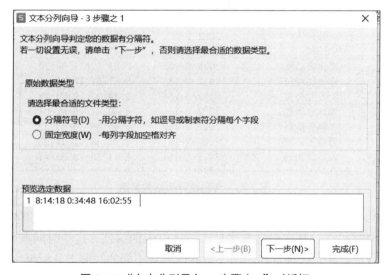

图 7-48　"文本分列导向 -3 步骤之 1"对话框

接下来会弹出"文本分列导向 -3 步骤之 2"对话框，如图 7-49 所示，此对话框提供了各种分隔符选项，用户可以根据分隔符的具体内容进行选择，我们的案例中数据点之间是使用空格进行分隔，因此选择"空格"选项；当需要将多个连续分隔符当作一个处理时，可以勾选对话框中的"连续分隔符号视为单个处理"复选框。对话框中"数据预览"部分会根据用户勾选的内容进行效果展示，我们可以直观地看到分列之后的效果，勾选完毕之后，单击"下一步"按钮。

接下来会弹出"文本分列导向 -3 步骤之 3"对话框，如图 7-50 所示，此对话框主要用来确定列数据类型，此处选择"常规"选项，单击"完成"按钮即可完成时间点分列操作。

拆分完成之后的考勤表格如图 7-51 所示，按照上面的步骤我们已经将打卡时间拆分为三列。

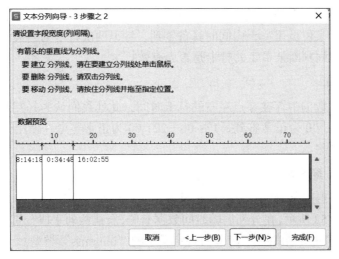

图 7-49 "文本分列导向 -3 步骤之 2"对话框

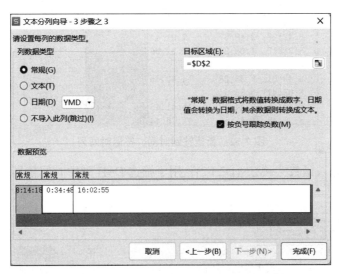

图 7-50 "文本分列导向 -3 步骤之 3"对话框

	A	B	C	D	E	F
1	员工姓名	员工部门	打卡日期	打卡时间		
2	孙佳琪	总务科	2022-2-15	8:14:18	0:34:48	16:02:55
3	任霞	审计科	2022-2-15	8:42:22	3:48:57	17:01:44
4	薛添池	理化实验室	2022-2-15	8:21:12	1:08:20	17:32:06
5	江淑君	市场拓展科	2022-2-15	8:57:57	17:00:00	
6	邱文杰	党委办公室	2022-2-15	8:43:01	9:53:28	14:40:45
7	秦榕汕	地域办事处	2022-2-15	8:08:47	0:55:04	
8	丁贺祥	车辆管理科	2022-2-15	8:45:45	0:44:32	15:41:48
9	赵静	督察工作室	2022-2-15	8:35:48	1:47:55	17:25:44

图 7-51 拆分结果

2. 筛选有效打卡

通过观察数据可知，每个员工的打卡次数是不固定的，因此需要根据一定的条件判断打卡是否有效，按照一般公司的规定，假设 8：30 之前的打卡为签到打卡，17：30 之后的打卡为签退打卡，某位员工一天内同时具备签到、签退两次打卡为当天的有效打卡。接下来的任务是根据时间判断某员工的打卡是否为有效打卡。

3. 处理异常值

经过观察可知数据中存在零点左右的打卡时间，此处我们认为是签到异常值，应当予以删除，6：00—8：00 为正常签到，17：00—22：00 为正常签退，使用筛选功能将不符合条件的时间进行删除。

4. 确定签到、签退列

筛选签到、签退打卡时间，此处根据某位员工每天最早一次打卡与最晚一次打卡为准进行筛选。如图 7-52 所示，在分列后的时间数据右侧，新建两列字段分别为"签到时间""签退时间"，并将两列的单元格类型定义为自定义中的"h:mm:ss"类型。

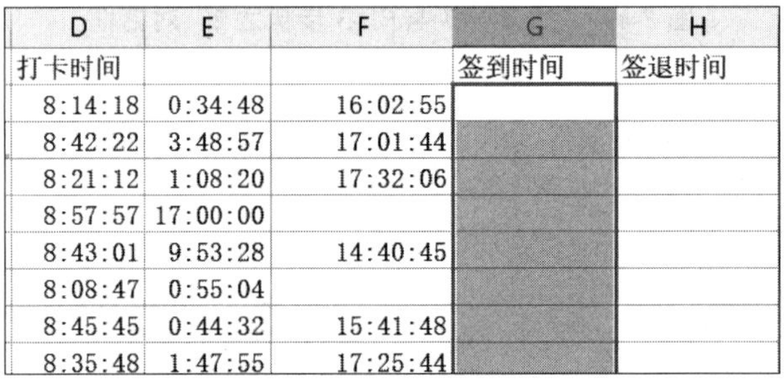

D	E	F	G	H
打卡时间			签到时间	签退时间
8:14:18	0:34:48	16:02:55		
8:42:22	3:48:57	17:01:44		
8:21:12	1:08:20	17:32:06		
8:57:57	17:00:00			
8:43:01	9:53:28	14:40:45		
8:08:47	0:55:04			
8:45:45	0:44:32	15:41:48		
8:35:48	1:47:55	17:25:44		

图 7-52　新建签到时间、签退时间列

在签到列中输入函数"=MIN(D2:F2)"用于筛选 D~H 列中时间较早的数值，如图 7-53 所示。

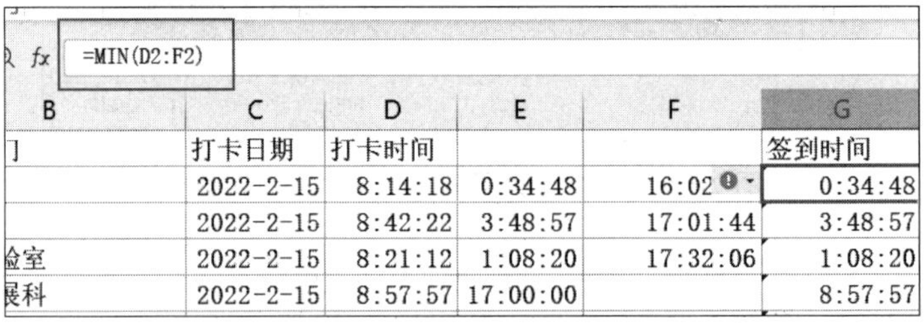

	B	C	D	E	F	G
Q	fx	=MIN(D2:F2)				
		打卡日期	打卡时间			签到时间
		2022-2-15	8:14:18	0:34:48	16:02	0:34:48
		2022-2-15	8:42:22	3:48:57	17:01:44	3:48:57
检室		2022-2-15	8:21:12	1:08:20	17:32:06	1:08:20
展科		2022-2-15	8:57:57	17:00:00		8:57:57

图 7-53　筛选签到时间

在签退列中输入函数"=MAX(D2:F2)"用于筛选 D~H 列中时间较早的数值，如图 7-54 所示。

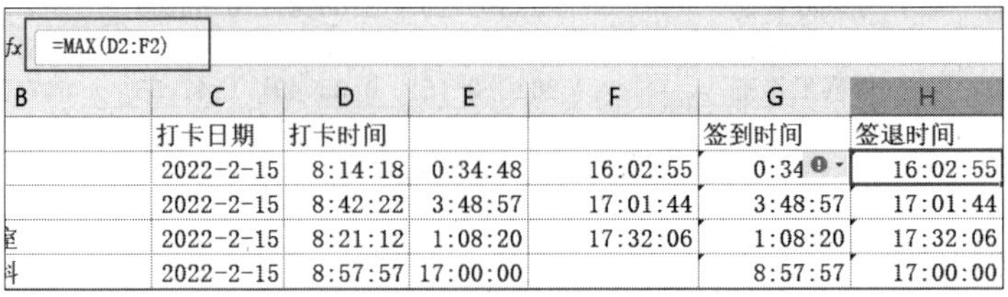

	B	C	D	E	F	G	H
fx		=MAX(D2:F2)					
		打卡日期	打卡时间			签到时间	签退时间
		2022-2-15	8:14:18	0:34:48	16:02:55	0:34	16:02:55
		2022-2-15	8:42:22	3:48:57	17:01:44	3:48:57	17:01:44
室		2022-2-15	8:21:12	1:08:20	17:32:06	1:08:20	17:32:06
科		2022-2-15	8:57:57	17:00:00		8:57:57	17:00:00

图 7-54　筛选签退时间

根据有效时间判断，签到和签退的时间间隔至少为 8∶00—17∶00 的 9 小时，新增一列"时间间隔"列，输入函数"=H2−G2"用于筛选 H~I 列中的时间差，如图 7-55 所示。

5. 筛选有效时间

筛选"时间间隔"列，选择时间大于 9 小时的数据项，即可得到有效的签到项目，如图 7-56 所示。

图 7-55 计算时间间隔　　　　图 7-56 筛选结果

任务 4　电子文档、演示文稿、电子表格的混合编辑方法

 **实训目的**

- 掌握在电子文档中插入电子表格、演示文稿的操作方法。
- 掌握在电子表格中插入电子文档、演示文稿的操作方法。
- 掌握在演示文稿中插入电子文档、电子表格的操作方法。

 实训内容

经过前面任务的练习我们已经学会了电子文档、演示文稿、电子表格的综合应用方法，接下来我们开始完成这三种不同文档类型的混合编辑方法。

1. 在文档中插入电子表格、演示文稿

1）在文档中插入表格数据

打开本次实训任务 2 中处理好的文档，在文档最后一页插入分页符，并在"页面布局"菜单栏中单击"分隔符"按钮，并在弹出的菜单中选中"下一页分节符"选项，如图 7-57 所示。

在选择分节符之后，单击菜单中的"纸张方向"按钮，选择"横向"命令，将调整页面方向为"横向"，并在页面中输入文字"附件 1∶"，如图 7-58 所示。

打开"素材库\项目 7\素材\任务 2\部分中国世界遗产名录 .xlsx"表格，将其中的表格内容选中并复制到文档中，如图 7-59 所示。

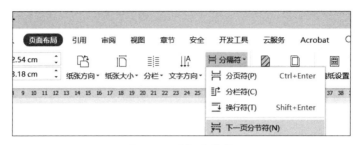

图 7-57　选择分节符

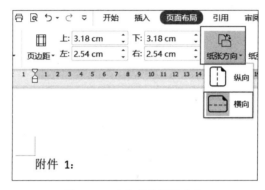

图 7-58　改变附件纸张方向

附件 1:	部分中国世界遗产名录	
序号	名称	入选时间
1	北京故宫	1987
2	长城	1987
3	秦始皇陵及兵马俑坑	1987
4	莫高窟	1987

图 7-59　在文档中插入表格内容

2）调整表格格式

在插入的表格上右击，在弹出的菜单中选中"自动调整"菜单，并选择"根据窗口调整表格"菜单，如图 7-60 所示。

目前的表格没有边框显示效果，右击表格选中"边框和底纹"菜单，在弹出的对话框中"设置"处选择"全部"样式，宽度处选择"1 磅"，如图 7-61 所示，再单击"确定"按钮，即可为表格显示边框。

3）插入演示文稿

单击菜单栏中的"插入"菜单，单击"附件"菜单，在弹出的对话框中选择"素材库\项目 7\素材\任务 2\中国的世界文化遗产 .pptx"，在弹出的"选择附件插入方式"对话框中选择"文件附件"，并单击"确定"按钮，如图 7-62 所示。

选择之后，即可在相应的位置看到插入的演示文稿文件，如图 7-63 所示。

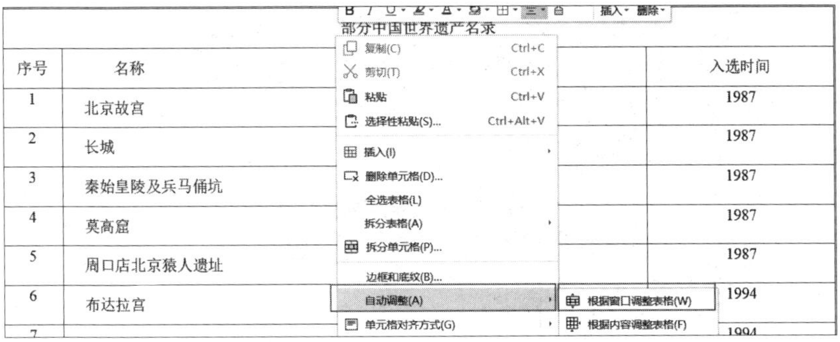

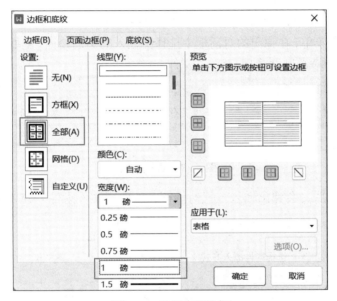

图 7-60 自动调整表格

图 7-61 设置表格边框

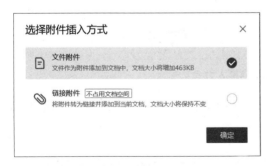

图 7-62 选择插入附件的方式

图 7-63 插入完成的演示文稿

双击演示文稿之后即可放映演示文稿，如图 7-64 所示。

2. 在电子表格中插入电子文档

在处理考勤表格的时候需要随时对照公司考勤标准进行处理，因此在电子表格中插入公司考勤规定可以方便地随时查看，接下来我们来完成这一操作。

图 7-64   播放的演示文稿效果

1）在电子表格中插入文档

打开任务 3 中已经处理好的表格，选中一个单元格，如图 7-65 所示，在"插入"菜单中选择"附件"菜单，在弹出的对话框中选择要插入的文档路径，此处选择"素材库 \ 项目 7\ 素材 \ 任务 3\ 考勤制度管理 .docx"文件。

图 7-65   插入附件

选择好路径之后，会弹出插入方式对话框，选中"文件附件"并单击"确定"按钮，如图 7-66 所示。

图 7-66   选择文档插入方式

此后，在单元格中则显示出相应的文档，双击文档图表即可打开"考勤制度管理 .docx"，如图 7-67 所示。

2）在演示文稿中插入文档、电子表格

在进行演示文稿讲解的时候需要展示文本、数据的来源，因此在演示文稿中也需要插入相应的文档、表格等文件进行补充说明，下面我们来开始完成这一部分工作。

（1）在演示文稿中插入文档。

在演示文稿中插入文档，一般使用链接的方式进行插入，打开任务 1 中制作完成的"中国航天科普"演示文稿第 7 页，将标题"中国航天日意义"全部选中，单击"插入"菜单中的"超链接"菜单，选择"文件或网页"选项，如图 7-68 所示。

图 7-67　打开后的文档

图 7-68　选择"文件或网页"选项

在弹出的对话框中选择"素材库 \ 项目 7\ 素材 \ 任务 1\ 中国航天纪念日的意义 .doc"，如图 7-69 所示。

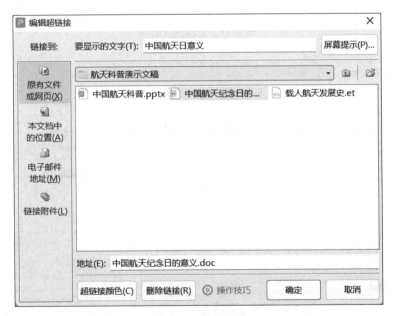

图 7-69　选择文档

单击"确定"按钮之后演示文稿中的文字即变为链接形式，放映时单击链接即可打开"中国航天纪念日的意义 .doc"，如图 7-70 所示。

（2）在演示文稿中插入电子表格。

在演示文稿中插入表格一般使用插入对象的方式，打开任务 1 中制作完成的"中国航天科普"演示文稿第 11 页，选中该页单击"插入"菜单中的"对象"菜单，如图 7-71 所示。

在弹出的对话框中，选中"由文件创建"选项，通过"浏览"选择"素材库 \ 项目 7\ 素材 \ 任务 1\ 载人航天发展史 .et"表格，如图 7-72 所示。

图 7-70　在演示文稿中打开文档

图 7-71　选择插入类型

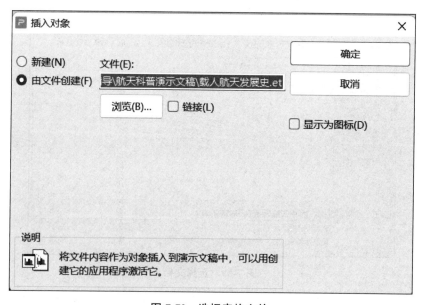

图 7-72　选择表格文件

在"插入对象"对话框中勾选"链接""显示为图标"两个复选框，单击"确定"按钮，如图 7-73 所示。

在演示文稿第 11 页就会出现图标，如图 7-74 所示。

双击该图标即可打开"载人航天发展史 .et"表格，如图 7-75 所示。

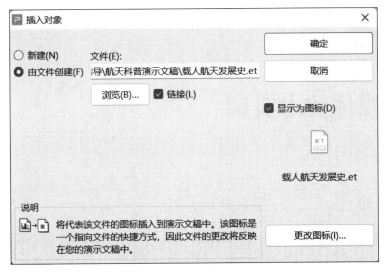

图 7-73 设置选项

图 7-74 表格插入成功

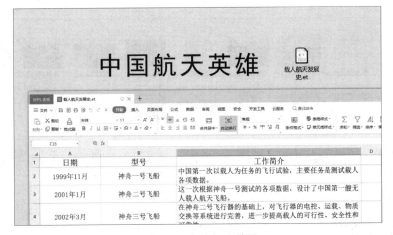

图 7-75 表格打开效果

项目 **8**

数字媒体技术实训

 实训目的

- 了解音视频处理软件种类。
- 学会自主创作短视频的一般方法。

实训范例

数字媒体技术依托计算机应用技术，面向影视制作、短视频创意制作、广告传媒等领域。目前应用数字媒体技术方面的软件有很多，如处理图像的 Photoshop 和 Adobe Illustrator；处理视频的各种视频剪辑软件，如剪映、Premiere、After Effects 等，除此之外还包括各种动画制作软件。有兴趣的同学可以深入研究，在此就不再深入探讨。下面，我们将通过剪映的一些简单音视频处理操作来展示一下数字媒体技术的魅力。

本项目实训内容为制作祖国大好河山宣传视频，用直观视频的方式展示我国的十大绝美风景。

1. 导入素材

第 1 步：首先利用网络收集我国十大风景名胜图片作为素材，并给每一处风景配以文字说明作为旁白部分，如图 8-1 所示，这样制作视频之前的准备工作就做完了。

图 8-1　素材的收集、整理

　　第 2 步：将收集好的素材包括图片和音频文件（将文字通过配音的方式转化成音频文件）导入剪映中，如图 8-2 所示。

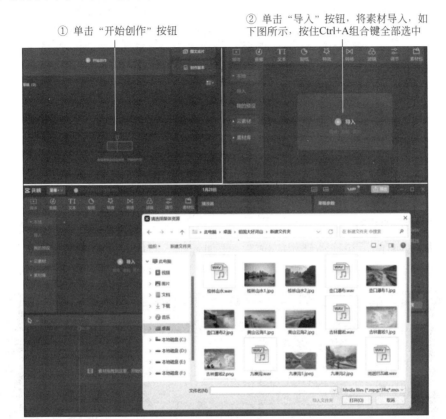

图 8-2　导入素材

　　第 3 步：将导入素材中的图片全部拖入轨道中。有两种方法导入素材：第一种单击图 8-3 中图片右侧的■按钮；第二种直接用鼠标拖动图片放入轨道中即可。当添加完成后素材左上角会显示已添加字样，如此重复操作直至所有图片导入完毕，如图 8-4 所示。

图 8-3　导入图片素材

图 8-4　图片素材全部导入完成

2. 为视频添加音效

第 1 步：将时间滑块拖动到相应位置，添加音频，添加方法参考图片素材添加方法。如果时间轴过于密集，添加素材后不方便修改，可以将时间轴放大，操作如图 8-5 所示。

当滑块向左移动时时间轴会变得紧凑；当滑块向右移动时，时间轴会变得宽松

图 8-5　拖动时间滑块调整时间轴

第 2 步：将所有素材添加完成后，调整图片素材持续时间，以适应音频时长。方法是在轨道选中图片，使图片边框高亮显示，选中图片右边的边框拖动即可，全部调整完成，如图 8-6 所示。在调整的过程中，如果需要多条音频轨道可以拖动音频文件到轨道空白区域，就可以生成一条新的音轨。

3. 为视频添加字幕

第 1 步：剪映为用户提供了很多中添加字幕的方法如图 8-7 所示。

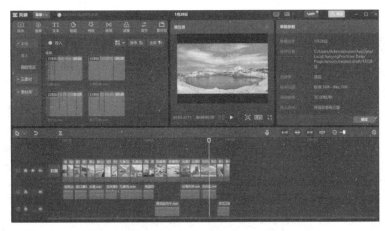

图 8-6　添加音轨

图 8-7　"添加字幕"按钮

　　第 2 步：为了方便操作节省时间，我们可以采用智能字幕的方式添加。添加方法为单击"智能字幕"按钮，出现如图 8-8 所示界面，选择"识别字幕"选项，稍作等待，字幕就完成了，如图 8-9 所示。

图 8-8　识别字幕

拖动操作点调整字幕大小　　对字体格式进行设置

图 8-9　字幕生成完毕

4. 为视频添加封面和转场效果

第 1 步：添加转场效果首先要把时间轴滑块调整到素材与素材的连接处，选择转场选项，然后选择合适的转场效果，选择完成后，单击专场效果图右下角的加号按钮，即添加完成。添加完成后在素材接缝处会出现灰色区域，即为转场片段，如图 8-10 所示。

图 8-10　添加转场操作

第 2 步：为视频添加封面，轨道最左侧的封面按钮，出现如图 8-11 所示界面，选择适合封面图片，单击"去编辑"按钮，出现如图 8-12 所示界面，可在此界面中设计一些封面文字等，如无其他设置，选择完成设置即可。

5. 合成视频

第 1 步：视频制作完成后需要生成视频文件，单击右上角的"导出"按钮，打开如下界面，按格式要求配置视频参数，如图 8-13 所示。

图 8-11 封面选择

图 8-12 封面设计界面

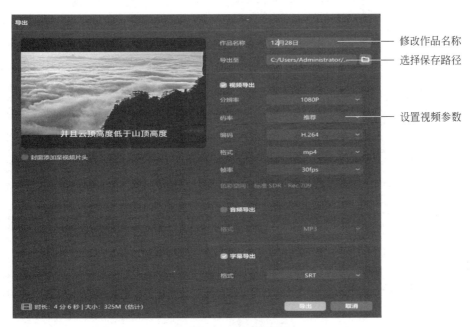

图 8-13 导出视频

第2步：导出后生成相应文件如图8-14所示，视频制作完成。

图8-14　成品

项目 **9**

信息安全技术实训

任务 1　数字证书的应用实训

实训目的

- 掌握网上申请个人数字证书的方法。
- 了解认证体系的体制结构、功能、作用、业务范围及运行机制。
- 掌握数字证书的导入、导出和安装。
- 掌握数字证书的配置内容及配置方法。
- 了解数字证书的作用及使用方法。
- 掌握使用数字证书访问安全站点的方法。
- 利用数字证书发送签名邮件和加密邮。

实训范例

1. 申请试用版网证通数字证书

第 1 步：登录。选择广东省电子商务认证中心登录。

第 2 步：访问试用型个人数字证书申请页面，由于该申请页面是安全连接，故系统将出现安全警报，单击确定进入页面，如图 9-1 所示。

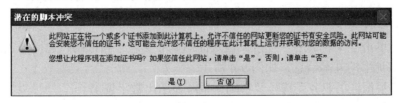

图 9-1　安全警报

第 3 步：根据"申请试用型个人数字证书"提示，选择安装证书链。

第 4 步：选择"安装证书键"后，稍后系统会提示"完成"，这时再选择"继续"。

第 5 步：此时进入"申请试用型个人数字证书"的第 2 步，即填写并提交申请表格。在该页中，需要按照系统的提示填写真实信息，并选择 CSP（加密服务提供程序），填写完后，选择"继续",系统开始签发你的数字证书,如图 9-2 所示。

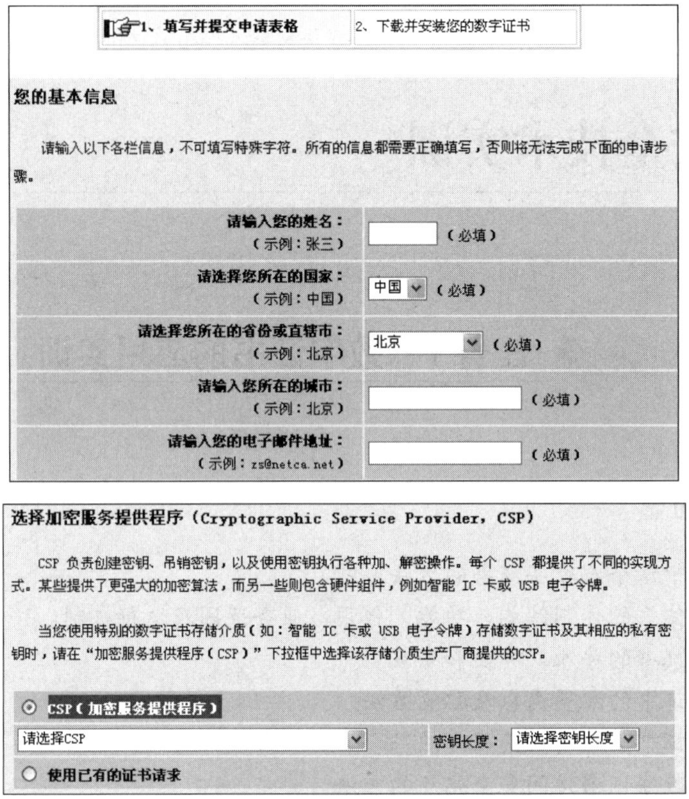

图 9-2 系统签发数字证书

第 6 步:系统受理并签发完你的数字证书后,接下来下载并安装你的数字证书。这时,系统会给出一个"证书业务受理号"和密码,如图 9-3 所示。

图 9-3 证书业务受理号

第 7 步:单击"安装证书"按钮,输入证书业务受理号和密码,选择确定键。系统会显示你的数字证书的基本信息,如图 9-4 所示。

第 8 步:根据证书业务受理号及密码,系统显示出数字证书。

第 9 步:单击"安装证书"按钮,系统将证书安装在你的计算机中的应用程序中。

2. 证书的导入导出

(1)根证书的导出。

第 1 步:启动 IE 浏览器,选择工具→Internet 选项→内容→证书→受信任的根目录颁发机构,单击选中要导出的根证书,如图 9-5 所示。

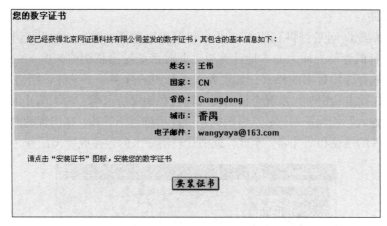

图 9-4　数字证书基本信息

图 9-5　要导出的根证书

第 2 步：单击"导出"按钮后，出现证书管理器导出向导界面，按照向导提示操作，向导会提示选择证书导出的格式，一般选择系统默认值。

第 3 步：系统会让选择导出文件的路径，选择好文件的路径后，按提示单击"下一步"按钮，直至系统出现证书导出成功提示，便完成根证书导出过程。

（2）根证书的导入。

第 1 步：在 IE 浏览器中，选择工具→Internet 选项→内容→证书，选择受信任的根目录颁发机构标签栏，双击要导出的根证书文件，选择"安装证书"，进入证书导入向导。

第 2 步：按照根证书的安装向导操作，当系统提示选定证书存储区时，可选择根据证书类型，自动选择证书存储区，根据系统提示操作，直至结束证书导入向导。

（3）数字证书的导出。

第 1 步：在 IE 浏览器中，选择工具→Internet 选项→内容→证书，选择个人标签栏，选择数字证书，单击"导出"按钮，系统提示"欢迎使用证书导出向导"，进入证书管理器导出向导程序。

第 2 步：系统询问是否将私钥跟证书一起导出，选择"是"，导出私钥（如果在申请数字证书时选择的存储介质为非本地计算机，此时系统导出私钥项为虚）。

第 3 步：选择导出证书的格式，如果导出了私钥的数字证书文件，则格式为 PFX。

第 4 步：在导出私钥时，系统会提示要求输入私钥保护密码，为了防止第三方非法使用数字证书，请输入私钥保护密码；然后根据系统提示进行下一步；在出现的对话框中，还需要选择导出文件的路径和文件名。至此，证书管理器导出向导完成导出任务，如图 9-6 所示。

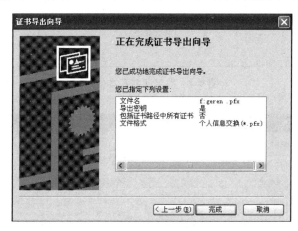

图 9-6　证书导出完成

（4）数字证书的导入。

第 1 步：启动 IE 浏览器，选择工具→Internet 选项→内容→证书→个人标签栏，单击"导入"按钮，系统提示"欢迎使用证书导入向导"，进入导入向导；下一步系统让选择证书导入的文件。

第 2 步：证书管理器导入向导让选择证书存贮区，一般选择系统默认值。当显示"完成证书管理器导入向导"时，单击"完成"按钮。这时系统提示输入一个新的私人密钥，设定私人密钥后按确定，系统提示证书导入成功。

3. 发送具有数字签名的电子邮件

在发送签名邮件之前，首先要下载数字证书，即将申请的数字证书导入系统中；之后还必须将数字证书跟电子邮件绑定，也就是还必须完成 Outlook Express 中设置你的数字证书。

（1）在 Outlook Express 中设置数字证书。

第 1 步：在 Outlook Express 中，单击"工具"菜单中的"账号"。

第 2 步：选取"邮件"选项卡中用于发送安全邮件的邮件账号，单击"属性"。

第 3 步：选取安全选项卡中的"从以下地点发送安全邮件时使用数字标识"复选框，然后单击数字证书按键。

> **注意：** 对于 Express 比较新的版本按默认设置就可以了，用户可以通过单击工具→选项→安全→数字标识看到证书信息，如图 9-7 所示。

第 4 步：选择与该账号有关的数字证书（只显示与该账号相对应的电子邮箱的数字证书）。

第 5 步：如果想查看证书，则单击查看证书，将会看到详细的证书信息。单击"确定"按钮，设置完毕，如图 9-8 所示。

图 9-7　证书信息

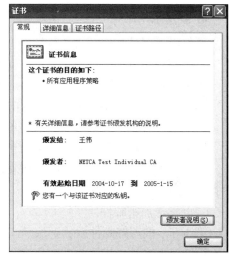

图 9-8　证书详细信息

（2）发送签名电子邮件。

用自己的安全电子邮件证书，发一封签名邮件，内容是自己的安全电子邮件证书的信息（包括自己的公钥），主题为自己的学号和姓名。

第 1 步：打开 Outlook Express，单击"新邮件"按钮，撰写新邮件。

第 2 步：选取"工具"菜单中的"数字签名"，如图 9-9 所示。在邮件的右上角将会出现一个签名的标记。

图 9-9　数字签名菜单所在位置

第 3 步：单击"发送"按钮。发送数字签名邮件即完成。

第 4 步：当收件人打开邮件时，可以看到有数字签名的邮件被所标示，打开数字签名的邮件时，将看到数字签名的邮件的提示信息。

第 5 步：单击"继续"按钮后可阅读到该邮件的内容。若邮件在传输过程中被他人篡改或发信人的数字证书有问题，页面将出现"安全警告"提示。

4. 发送加密邮件

要将电子邮件加密，首先你需要有收件人的数字证书。

（1）获得对方的数字证书：从带有数字签名的电子邮件中添加。

第 1 步：让对方给你发送有其数字签名的邮件。

第 2 步：将该邮件打开，然后单击"文件"菜单中的"属性"。

第 3 步：选择"安全"选项卡并单击"将数字标识添加到通讯簿中"按钮，这样对方数字证书就被添加到你的通讯簿之中了。

第 4 步：你可以在 Internet Explorer 的"工具→ Internet 选项→内容→证书→其他人"中查看到对方的数字证书。

（2）发送加密邮件。

第 1 步：撰写好邮件后，选取"工具"菜单中的"加密"。

第 2 步：这时，邮件的右上角将会出现一个加密的标记。

第 3 步：单击"发送"按钮。发送加密邮件即告完成。

第 4 步：当收件人收到并打开已加密过的邮件时，将看到"安全警告"的提示信息。

第 5 步：单击"继续"按钮后，可阅读到该邮件的内容。

当收到加密邮件时，完全有理由确认邮件没有被其他任何人阅读或篡改过，因为只有在收件人自己的计算机上安装了正确的数字证书，Outlook Express 才能自动解密电子邮件；否则，邮件内容将无法显示。也就是说，只有收件人的数字证书中收藏了打开密锁的私人密钥。

任务 2　木马清除软件应用实训

实训目的

- 了解木马清除软件种类和功能特性。
- 掌握各种木马清除大师的一般使用方法。

实训内容

1. 认识木马病毒清除软件

木马病毒是计算机黑客用于远程控制计算机的程序，将控制程序寄生于被控制的计算机系统中，里应外合，对被感染木马病毒的计算机实施操作。一般的木马病毒程序主要是寻找计算机后门，伺机窃取被控计算机中的密码和重要文件，对被控计算机实施监控、资料修改等非法操作。木马病毒具有很强的隐蔽性，可以根据黑客意图突然发起攻击。

对于一些已经了解的木马病毒，我们可以手动清除，但是对于一些无法识别的木马病毒，就需要用相关软件来清除。木马清除软件有很多，有些是集成在杀毒软件中的，比如360 安全卫士中的木马查杀功能、金山毒霸中的网络保镖功能等，还有一部分是专门的木马清除软件，比如木马清除大师木马克星、木马清除专家等，下面就这三类专门的木马查杀软件的功能特性进行说明。

1）木马清除大师

木马清除大师如图 9-10 所示，是经过公安部认证的国际一流的木马病毒查杀软件。木马清除大师不仅可以清除木马，也可以清除病毒。木马清除大师目前还能拦截所有网页木马和 U 盘病毒，U 盘或者移动硬盘一插入就会被自动查杀，全面提升网页木马监控，不仅可以防范已经出现的网页木马，还可以防范由于 IE 未知漏洞造成的网页木马攻击。

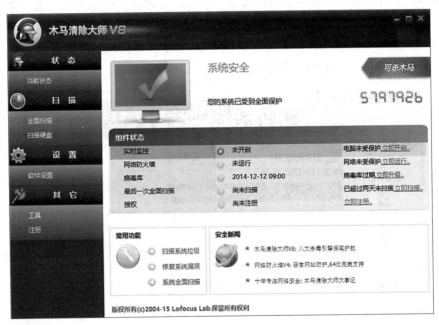

图 9-10　木马清除大师界面

2）木马克星

木马克星（Iparmor）如图 9-11 所示，可以侦测和删除已知和未知的特洛伊木马。该软件拥有大量的病毒库，并可以每日升级。一旦启动计算机，该软件就扫描内存，寻找类似特洛伊木马的内存片段，支持重启之后清除。还可以查看所有活动的进程，扫描活动端口，设置启动列表等。木马克星是一款适合网络用户的安全软件，既有面对新手的扫描内存和扫描硬盘功能，也有面对网络高手的众多调试查看系统功能。木马克星对木马病毒有较强的查杀效果，但是实时防护能力比较一般，因此，不适宜用作主杀工具，只可用作辅杀工具。

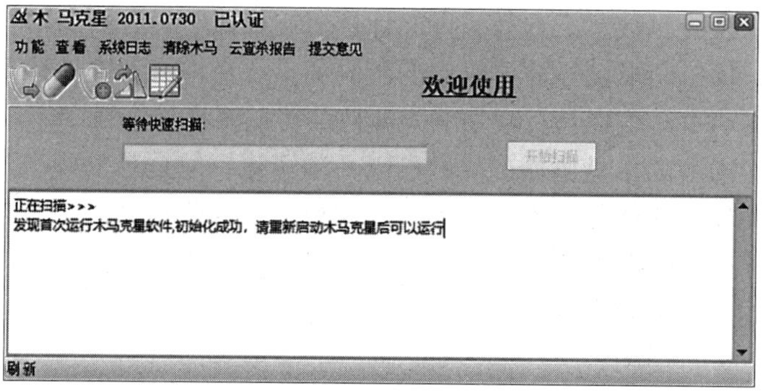

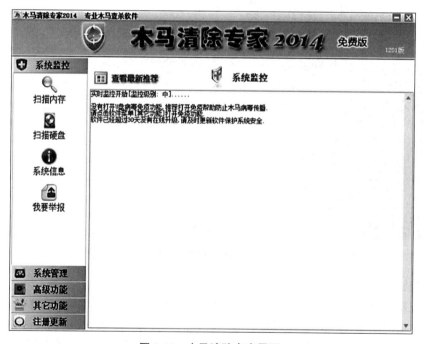

图 9-11 木马克星界面

3）木马清除专家

木马清除专家如图 9-12 所示，是专业防杀木马软件，针对流行的木马病毒特别有效，彻底查杀各种流行 QQ 盗号木马、网游盗号木马、冲击波、灰鸽子、黑客后门等上万种木马间谍程序，是计算机不可缺少的坚固堡垒。软件除采用传统病毒库查杀木马外，还能智能查杀未知变种木马，自动监控内存可疑程序，实时查杀内存硬盘木马，采用第二代木马扫描内核，查杀木马快速。软件本身还集成了 IE 修复、恶意网站拦截系统文件修复、硬盘扫描功能和系统进程管理和启动项目管理等。

图 9-12 木马清除专家界面

2. 木马清除大师 V8 的使用方法

木马清除大师是一款专业强大的木马查杀软件，采用了最新的三大查毒引擎，帮助用户从根源开始彻底清理数据，确保用户计算机运行环境的安全、可靠，达到最绿色安全的计算机环境。下面针对木马清除大师各模块功能进行演示说明。

1）状态模块

显示系统以及软件中各组件运行状态，如图9-13所示，查看当前系统状态。

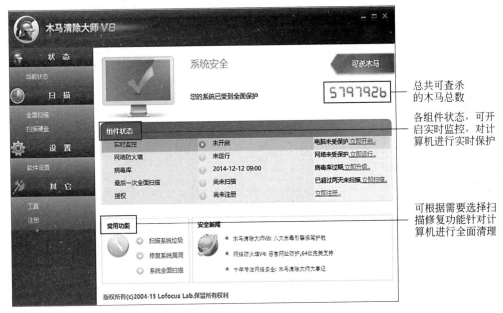

图 9-13　状态模块功能简介

2）扫描模块

本模块共有两个功能，分别是全面扫描和扫描硬盘。全面扫描如图9-14所示，能够快速扫描硬盘的特定敏感区域，包括内存、小型文本文件、敏感目录、注册表以及隐私记录等，能够快速定位有害项目，提高扫描速度；扫描硬盘如图9-15所示，能够针对硬盘特定区域或者全部硬盘进行扫描，彻底查杀可疑木马。

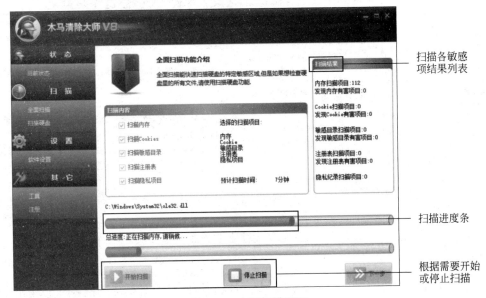

图 9-14　全面扫描界面

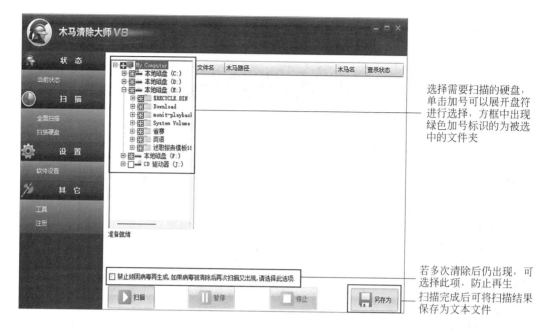

图 9-15   扫描硬盘操作界面

3）设置模块

本模块针对扫描过程中的操作进行设置，如图 9-16 所示，如扫描范围、备份容量、扫描等级、信任目录、监控方式和等级、发现木马后的处置方式、升级频率等，可根据需要进行设置，设置完成后单击"应用更改"按钮即可生效。

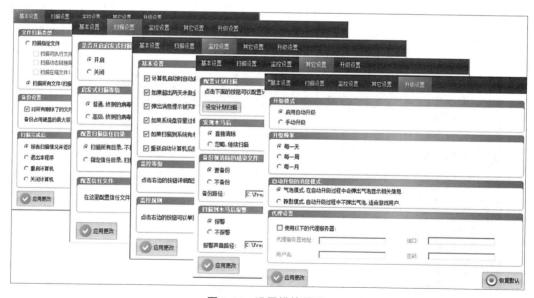

图 9-16   设置模块界面

4）其他模块

本模块为木马清除大师的一些附加功能，可以利用此模块对系统进行各种清理和优化，如图 9-17 所示。

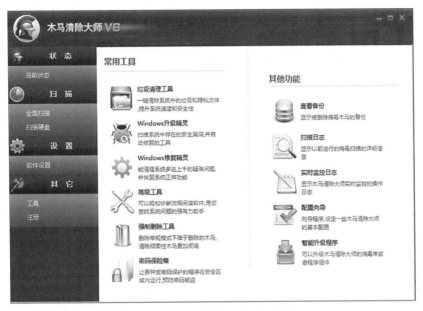

图 9-17 其他模块中的附加功能

　　木马清除大师 V8 一共有八大杀毒引擎，病毒的查杀能力提升为原来的 3 倍，全新的启发式扫描引擎，使得不在病毒库中的恶意程序也无法逃脱 V8 的查找。新增流氓软件智能识别引擎能判断用户运行的程序是否是流氓软件。在拦截网络事件时更加人性化，用户不仅可以随时在事件页面里查看被拦截的详细信息，还可以在拦截行为发生时得到实时提示。